*marché*

# 编织大花园 1

## 暖融融的编织小物

碧云天，黄花地，秋风渐起，
又是一年忙碌编织季的开始。
左手握漂亮时尚的设计，
右手握简单轻松的编织方法，
双手合十，便是编织的一片乐土。
披肩、围巾、帽子必不可少，
毛毯、暖袖、暖腿、袜子也想尝试尝试。
在冬季到来之前，
一件一件地慢慢编织，
让暖融融的编织小物伴随温暖的心情
一起来度过即将到来的寒冬吧。

日本宝库社　编著
风随影动　译

河南科学技术出版社
· 郑州 ·

# 目录  Contents

## 冬日的时尚编织 / 4

带毛领的围脖 / 4
三角形蕾丝花边披肩 / 5
高领菱形花样斗篷 / 6
方领两穿披肩 / 7
镂空花样两穿罩裙 / 8
长款变短款的多变开衫 / 9
花朵花样的围脖 / 10
带流苏的披肩 / 11

### 可以换着穿的搭配 / 12

## 手套和暖腿 / 14

费尔岛风手套 / 14
渐变色手套 / 15
麻花针花样手套 / 15
带流苏的暖袖 / 16
渐变色皮靴式暖腿 / 17
踩脚式暖腿 / 18
镂空花样暖腿 / 18
步骤要点　环形针编织 / 19

### 备受关注的编织达人安＆卡洛斯！/ 20

## 可爱的阿兰编织 / 22

甜美可爱的贝雷帽和连指手套 / 22
带风帽的围巾 / 23
简约风中性帽 / 24
百搭围巾 / 24
披肩式开衫 / 25

### 探访阿兰毛衣的故乡 / 26

Point Lesson 各种阿兰花样的编织方法 / 27
Point Lesson 甜美可爱的连指手套大拇指的编织方法 / 29

## 好玩的花片 / 30

花片连接的个性假领 / 31
蕾丝花片耳环 / 31
冬日的祖母方格手提包 / 32
夏日的祖母方格手提包 / 33
口金手拿包 / 33
方形花朵装饰垫 / 34
温暖的花海热水袋外罩 / 34
绚彩段染线毛毯 / 35
可做围巾的带袖披肩 / 36
长款吊带背心 / 37

## 多彩可爱的时尚小物件 / 38

时尚靓丽的马甲式披肩 / 38
多彩横条纹手织帽 / 39
蝴蝶结形手包和装饰别针 / 39

## 暖融融的家居编织 / 40

多用迷你毛毯 / 40
方形花片坐垫 / 40
织入花样的篮子 / 41
马克杯外罩 / 41

## 我与编织和手作的故事 / 42

* 关井弥英子 / 42
* 莲沼千纮 / 45

## 懒人编织部 / 48

简单的袜子 / 48
Point Lesson 要点讲解 / 50

## 令人激动的编织之旅 波罗的海三国 / 51

爱沙尼亚 / 51
拉脱维亚 / 52
立陶宛 / 53

## 编织用蕾丝假领和小物件 / 54

花片重叠的蕾丝假领 / 54
将毛领与圆形珠宝蕾丝组合在一起……/ 55
使用树叶图案的流苏蕾丝制作……/ 55

## 时尚包包和小物件 / 56

拼布手提包和手包 / 56
毛线刺绣的靠垫套 / 57

## 硬纸板编织器编织的毛线小物件 / 58

三折手包 / 58
口袋纸巾包 / 58
荷包 / 58
硬纸板编织器的编织要点讲解 / 59

## 编织玩具手工部 / 60

## 编织的 Q&A / 62

## 编织基础知识和制作方法 / 65

# 必不可少的暖心穿搭

# 冬日的时尚编织

温暖而又好搭配的
毛衫、披肩、围脖，是冬日时尚的主角。
这里介绍了很多可以通过改变穿法而展现出多种效果的非常有用的编织。
摄影：Ikue Takizawa　设计：Kana Okuda（Koa Hole）　发型及化妆：Yuriko Yamazaki　模特：Fenella

披在肩上，将手放到前面的话就是短上衣的感觉了。毛领十分优雅华美。

## 带毛领的围脖

麻花针和桂花针
组合成了阿兰风格的织片。
这里加上了使用长毛绒线编织出来的毛领。
毛领上缝有纽扣，可以扣到织片边缘的镂空
花样中，也可以拆卸。

设计 / ucino
制作方法 / 70页
使用线 / 和麻纳卡 SONOMONO ALPACALILY、
LUPO

# 三角形蕾丝花边披肩

这款充满立体感的披肩
主体带有泡泡针的部分使用了棒针编织，
蕾丝花边使用了钩针编织。
披肩的两端直接垂在前面，
或用胸针别在一起都非常可爱。

设计 / catica TANAISACHIKO
制作方法 / 71页
使用线 / 奥林巴斯 MAKE MAKE FLAVOR

单独的毛领也非常
漂亮

上 / 摘下毛领后，可以简单地绕两圈
下 / 在两端的纽扣上系上细绳，毛领即变身为小围脖

又轻又暖和的披肩，可以一直从
初秋用到次年春天。

从后面看也非
常可爱

5

*fuyu no oshare knit*

## 高领菱形花样斗篷

这件作品是从脖颈到腰间，
可以将上半身都包住的长款斗篷。
由于这件斗篷比较长，
所以在下部留出了可以将手伸出的开口。
菱形的花样，很好搭配。

设计 / SUGIYAMATOMO　制作 / 佐野 光
制作方法 / 72页
使用线 / 芭贝 BRITISH EROIKA

还可以尝试其他
颜色哦

使用白色的线编织，就是完全不同的感
觉了。由于其包裹身体的面积非常大，
所以推荐使用基础的颜色进行编织。

方领更能凸显
女人味

从领口开始，编织正方形。使用了同色系的两种手感不同的线，编织了横条纹花样。

# 方领两穿披肩

这件方领披肩，稍微旋转一下
就成了V领披肩。
旋转后，下摆的形状也发生了变化。
V领时，斜向的线条
为作品增加了几分灵动。

设计 / Sachiyo Fukao　制作 / 内田 智
制作方法 / 73页
使用线 / SKIYARN BLUNO, PEGGY

沉醉于镂空花样的
美丽之中

调节带有流苏的细绳，可以变成披肩。使
用了百搭的灰色线，与什么样的服装都可
以搭配得很好看。

*fuyu no oshare knit*

# 镂空花样两穿
# 罩裙

冬天也想穿超短裙！
这时，为了防止腰部受寒，
可以在外面加上罩裙。
罩在短裤外面也非常时尚。
更让人惊喜的是：细小调整后，
它瞬间变为可爱披肩。

设计 / 川路由美子
制作方法 / 74页
使用线 / 和麻纳卡 EXCEED WOOL FL(中粗)

## 长款变短款的
## 多变开衫

将长方形的织片组合在一起，
可以非常简单地完成的开衫。
将上下调过来穿着，
无论是线条还是花样都会产生变化，
从而可以搭配出更多的风格。

设计 / 钓谷京子
制作方法 / 75页
使用线 / SKIYARN BLUNO

一件衣服却有
两种穿法的乐趣

短款时翻折的衣领，在变成下摆时可以完
全地包住臀部。袖长也变短了。

# 花朵花样的围脖

使用枣形针编织而成的花朵花样，
更加突出了马海毛的蓬松感。
使用长毛绒的马海毛，
即便是编织镂空花样的织片，
实际穿戴时，也会比看起来更暖和。

设计 / 横山加代美
制作方法 / 77页
使用线 / 和麻纳卡 ALPACA MOHAIR FINE

主体的编织花样，往返编织4行可
以形成一朵花。连成环形后，再进
行边缘编织即可完成。

围在脖子周围也不会
有刺痒的感觉

使用粉红色的毛线编织会更有女人
味。围两圈，不但舒适，更显可爱。

# 带流苏的披肩

这件披肩的亮点是
纤细、轻柔的镂空的叶子花样
和长长的流苏。
披的方法不同，这件披肩会给人以不同的感觉，
当流苏披在前面时会给人以灵动的印象。
这是一件非常珍贵的披肩。

设计 / 松井美雪　制作 / 川崎顺子
制作方法 / 76页
使用线 / 和麻纳卡 ALPACA MOHAIR FINE

流苏的对侧是镂空的条纹花样。披在肩上时，会有像衣领一样的效果，非常优雅。

非常轻柔，并且暖和

## 10页、11页中作品所使用的线

**和麻纳卡 ALPACA MOHAIR FINE**
这是使用1岁以下的安哥拉山羊的毛和优质的羊驼毛制成的，手感非常好的马海毛。
可以制作出蓬松、轻便的作品。
全20色 25g/团 约110m 中粗

## 享受作品200%的乐趣
# 可以换着穿的搭配

好不容易编织完成的作品，您一定希望更多地穿戴它们吧！
所以，在此就将组合本书中出现的各种作品，介绍混合搭配的方法。

摄影：Ikue Takizawa　设计：Kana Okuda（Koa Hole）　发型及化妆：Yuriko Yamazaki　模特：Fenella

22页的贝雷帽

**搭配 1**

绕了两圈的围脖，非常有质感，下面搭配百褶裙，是校园女生的风格。由于整体以冷色调为主，比较单一，所以织入花样的半指手套就会成为整套搭配的亮点。

15页的手套

5页的披肩

4页的围脖

14页的手套

55页的手提包

**搭配 3**

带有时尚图案的裤子与翻毛皮靴子的搭配是整体的重点，因此上半身就选择了简约的开衫。带有毛球的贝雷帽以及渐变色手套，都是非常好看的配饰。

**搭配 2**

搭配的小物件最符合初秋的气候了。在针织衫的外面加上披肩以及长毛绒线编织的手提包，再加上靴子，也适合冬日穿着。披肩与裙子的色调搭配在一起，给人优雅的感觉。

24页的帽子

10页的围脖

25页的开衫

11页的披肩

32页的手提包

15页的手套

18页的暖腿

**搭配 6**

将25页的开衫的纽扣解开后对折，就可以当作围巾使用了。除了围巾以外，整体是黑灰色调的搭配。非常巧的是，帽子与围巾都是阿兰花样。

**搭配 4**

休闲风的棉布裙配以花朵花样的围脖，花片连接的手提包，更增添一分甜蜜的感觉。带有球球的暖腿，是腿部的亮点。

**搭配 5**

这组的搭配色调协调，更加突出了编织物的质感。虽然披肩与手套的织片的形状、特点各不相同，但由于是同色系的原因，也能很好地搭配在一起。深色的靴子给整体带来沉稳的感觉。

# 马上编、马上用！
## 暖暖的 手套和暖腿

无论是外出还是在家，都能让我们的身体和心灵温暖起来的是亲手编织的东西。这次介绍的都是可以一直使用到次年初春的作品，一定要来挑战一下哦。

摄影：Yukari Shirai（14~18页）、Noriaki Moriya（19页）　设计：Akiko Suzuki　撰文：Sanae Nakata

### 费尔岛风 手套

这是一件编织了锯齿形和菱形的连续花样的费尔岛风手套。红色的配色十分显眼。大拇指有单独的开口，非常舒适。

设计 / HOTTA NORIKO
制作方法 / 78 页
使用线 / 和麻纳卡 PERCENT

在一行中最多织入2种颜色线。这正好解决了认为"虽然是小东西，但是织入花样看起来好难……"的人的烦恼。

## 渐变色
## 手套

这对手套的特点就是粗粗的横条纹以及
令人印象深刻的暖色调。它与14页作
品的编织图相同，只是针数不同。使用
段染线，即使简单地编织也能散发出独
特的韵味。

设计 / HOTTA NORIKO
制作方法 / 78 页
使用线 /HOBBYRA HOBBYRE ROVING KISS

## 麻花针花样
## 手套

这是使用钩针钩编出来的阿兰风麻花针花
样。由于使用的是长长针的正拉针交叉，从
而形成了凹凸分明、非常有立体感的花样。
宽宽的花样，很好地装饰了手背。

设计 / 稻叶有美
制作方法 / 79 页
使用线 / 和麻纳卡 FAIRLADY50

织片的基础针大部分都是非常简单的短针。可以通
过增减针数来调节尺寸。

偷偷地躲在膝盖上
这里最暖和了

15

刮北风了也不怕，
快点带我去散步吧

一晃一晃的流苏十分可爱。
将线头剪得比较短，看起来
是非常厚密的感觉。

hand warmer&leg warmer

## 带流苏的
## 暖袖

这个暖袖选用了带有金银线的苏格兰花
呢线，线材闪耀的光泽充满了魅力。虽
然是长款，但镂空花样也能够给人以轻
盈的感觉。蓬松变化的枣形针，给织片
带来不同的韵味。

设计 /Ha-Na
制作方法 / 79 页
使用线 / 可乐 CHAMPAGNE TWEED

特别推荐给腿脚容易冷的人
的编织物。还可以将作品进
行变化，单独编织暖腿和室
内鞋也很有趣。

## 渐变色皮靴式
## 暖腿

在棒针编织的暖腿上缝上钩针钩编的室
内鞋，让保暖度瞬间提升。腿部使用了
渐变线，脚部使用深色线，让整体更有
稳定感。

设计 / Ha-Na
制作方法 / 80 页
使用线 / 奥林巴斯 TREE HOUSE LEAVES、
MAPLE ROAD

厚厚的、暖暖的
小脚丫，你已经做好过
冬的准备了吗？

hand warmer&le

warmer&leg warme

## 踩脚式
## 暖腿

这件暖腿以上针为基础针，从而使麻花针和直线条更为突出。在等针直编的暖腿中脚后跟处做了开口式编织。

设计 / 松井美雪
制作方法 / 81 页
使用线 /SKIYARN BLUNO

## 镂空花样
## 暖腿

这是使用挂针编织镂空花样的暖腿。由于是无需加减针的等针直编的暖腿，所以非常适合棒针编织的初学者。如果使用环形针的话，就更简单了。

设计 / 松井美雪
制作方法 / 82 页
使用线 /DARUMA 接近原毛的美丽诺羊毛

在脚后跟开口处的上下边缘分别编织了3行单罗纹针，使开口更加耐磨。

将浅茶色与深紫色、纯浅茶色的两个球球分别缝在别针上，装饰在侧面。

将镂空花样左右稍微错开，就会形成舒缓的波浪形条纹。

# 环形针编织

让我们试着用环形针编织18页介绍的"镂空花样暖腿"吧。由于作品直径比较小，所以选择了迷你环形针。

**使用线**
DARUMA 接近原毛的美丽诺羊毛
是手感非常好的优质的100%纯天然的美丽诺羊毛线。保暖性、吸湿性卓越，从小物件到服装，可以使用它编织多种作品。1团30g，约91m。

**使用的环形针**
可乐牌 迷你环形针（23cm）6号、7号

●环形针的优点
使用四五根棒针的环形编织，对于初学者来说非常困难，换针的时候两根棒针之间的针目也容易被拉松，熟练以后才能使用好。如果使用环形针的话，可以很容易地统一镂空花样、编织花样的针目，将作品整齐地完成。此外，针与针之间的连接线也非常柔软，这样的小型针很容易携带。

※需要注意的是，使用环形针编织时，织片的长度一定要比环形针长才可以。

## ＊起针要点

一般使用手指挂线起针，将2根针并在一起。使用长环形针的时候也可以采用这种方法（将两头的针并在一起起针，之后把其中一根抽出），若使用短的环形针的话，则需要使用粗一号的针起针。

### 脚踝处的编织

**1**
在7号环形针上使用手指挂线起针。

**2**
起60针后的样子。

**3**
将针目移至6号针上。

**4**
全部移完的样子。

※编织暖腿时，罗纹针使用6号针，编织花样使用7号针，所以使用了不同的针起针。若只有1根针时，在挂线起针时，要起得松一些。

## ＊编织成环形的小窍门

环形编织时，若不在编织起点做上记号，容易弄不清哪里是分界线。诀窍是加上记号圈（或者加入线的记号）。

### 编织第1行

**1**
在起针的最后一针处加入记号圈。

**2**
将起针连成环形，按照符号图编织双罗纹针。

**3**
在每一行的开始处加入记号圈，编织指定的行数。

### 换针的时候……

**4**
先将记号圈移至7号环形针上（注意不要从后面掉落），再开始编织编织花样。

※将暖腿主体的编织花样编织好后，编织终点侧的双罗纹针还要换回6号针进行编织，直到结束。

## ＊编织终点
## 处理线头的诀窍

编织终点处理线头时，推荐使用能够使连接针目不太明显的"链形连接"。使用编织终点的线头编织1针锁针进行处理。

**1**
最后的伏针收针完成后，留出约15cm的线尾后剪断，将线引拔拉出。

**2**
将线头穿入缝针中。

**3**
挑取伏针收针的第1针。

**4**
将针穿入步骤3的★处（引拔了编织终点的线的针目），将线拉出至反面。

**5**
将线头拉出至反面后的样子。

**6**
挑取织片反面的几针，穿过后，沿着根部剪断。

**7**
完成。

## 更方便地计算针数的方法

在织片中，在编织花样重复的针数或是可以整除的针数处，加入行数环，能够让编织变得更简单。虽然只用记号圈也可以，但在编织好第1行后，将针数分组计算并做上标记的话，就会变得更加方便。推荐使用别针式的行数环。

# 备受关注的编织达人安&卡洛斯！

在挪威乡村，将废弃的车站改装成了自己的工作室，并在那里不断地创作出编织作品的就是安&卡洛斯。
他们独一无二的作品以及慢生活的方式让他们的粉丝不断增加，下面我们就来介绍一下这备受关注的设计二人组。

摄影：Ragnar Hartvig　Arne&Carlos　撰文：Setsu Inoue（Nordic Culture, JAPAN）

### *Arne & Carlos*

挪威人安（左）和瑞典人卡洛斯（右）两人组成了编织设计二人组。他们在挪威传统的设计之上，加入了时尚的元素，在以北欧为首的欧美各国都获得了非常高的人气。http://www.arne-carlos.co.jp/

（右）院子的前面就是湖。在夏季的傍晚，十分美丽，能让整颗心都静下来。（左）这里的花草，就像拼布一样。因为这里种植了不同花期的花草，所以整个夏天都能看到正在盛开的花朵。（全部由安和卡洛斯拍摄）

## 在大自然中诞生的创作灵感

挪威的设计二人组"安&卡洛斯"，在欧洲以及美国都非常受欢迎。他们生活在奥斯陆以北180公里处的一个改建了的曾经的废旧的车站。在几年之前，他们还活跃在服装时尚界，不过现在他们专心于编织。他们就在这片被大山包围着的清爽的大自然中进行着设计。

现在，以挪威为首的欧洲，掀起了编织的热潮。他们在2010年出版的《圣诞球》（*Julekuler*）也是推动热潮的一分子。在挪威非常畅销的这本书，已经被翻译成了多国语言。之后他们又出版了《编织人偶》（*Strikkedukker*）、《复活节编织》（*Påske hele året*），并在世界各地召开了研习会。

他们从服装时尚界撤退的理由就是，他们不太认同，商品的价格过高，只能有一部分比较富裕的人才能享受到的现状。现在在他们与参与研习会的人一起，共同享受编织的时间、编织的乐趣，丰富大家的心灵。

现在他们正在专心研究的是以他们的院子为主题的作品集。希望向大家传达的理念是"享受现有的生活"。他们的院子，一到夏天，就会开满

挪威的夏日十分清凉。安和卡洛斯拿着剩余的毛线来到了阳台。他们正在从篮子中选取编织花片使用的毛线。他们认为配色的要诀是"不要想得太多"。

高兴地坐在手编的五彩缤纷的花朵的垫子上的两人的爱犬弗莱娅。他们选用了和弗莱娅的毛色相同的线进行编织，在书中也进行了介绍。

他们会想方设法地让生活变得更加舒适。他们将曾经的车站改造成了自己的家，并不断加入新的创意进行改造。

*Arne & Carlos Book Collection*

到目前为止，他们出版的每一本书都成为人们非常关注的话题。在2013年8月出版的书（左上图片）就是以斯堪的纳维亚半岛的传统花样为题的。

在《北欧的花园编织 挪威的庭院中诞生的36款作品》一书中，介绍了编织玩偶"花园中的老鼠马格卢斯"、花朵杯垫、蝴蝶隔热垫等从院子中获得构思的十分精美的作品。他们希望通过这本书向大家传达"如果世界能够一点点地变得更美就好了"的理念。

各种花朵，小鸟叽叽喳喳，昆虫也会讴歌它们短暂的生命。书中不但介绍了从院子中得到构思而创造出的众多作品，还介绍了他们的生活方式。在那些可爱的小作品中，隐藏着他们所独有的水晶一般的世界，那里仿佛是与挪威的大自然紧紧地连接在一起的。

在2013年8月，出版了日文翻译版的《北欧的花园编织 挪威的庭院中诞生的36款作品》，逐渐受到关注的安&卡洛斯，在10月份，到日本召开了研习会。

第一本日文翻译书
正在热销中

《北欧的花园编织 挪威的庭院中诞生的36款作品》

# 来编织传统花样吧！
# 可爱的阿兰编织

古典而又可爱的阿兰编织，
是以交叉针编织出的像浮雕一样有立体感的花样为特点的。
很多人会想，如果可以的话，一定要编织一件全身都是花样的毛衣，
不过我们还是先从小物件开始体会阿兰编织的精髓吧。
至今为止，一直认为很难，从而敬而远之的人，一定要来挑战一下。

摄影：Ikue Takizawa　设计：Kana Okuda (Koa Hole)　发型及化妆：Yuriko Yamazaki　模特：Fenella

## 甜美可爱的贝雷帽 和连指手套

在被称为"生命之树"的寓意着子孙繁荣的花样上，
加入了象征着果实的"泡泡针"，从而变得非常可
爱。这套贝雷帽和连指手套非常可爱。

设计 /SEBATAYASUKO
制作方法 / 92、93 页
使用线 / 和麻纳卡 ARAN TWEED

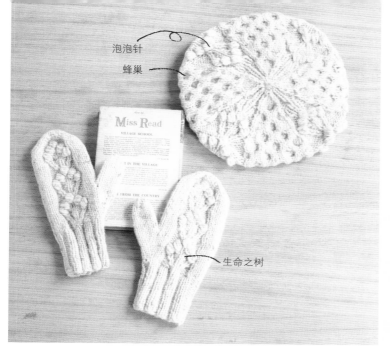

泡泡针

蜂巢

生命之树

在贝雷帽中加入了蜂巢花样。连指手套大拇指的编织，使用
了可以简单完成的技巧。〔参见29页〕

顶部别上了买到的成品毛线球，如果缝上
自制的毛线球也会非常可爱。

摘下风帽，就会是马甲的感觉，当然也可以不编织风帽，
直接编织成传统的围巾。

## 带风帽的围巾

这件作品是在菱形花样的中间加入了泡泡针的围
巾，在织入风帽后，就变得更加暖和了。两侧的麻
花针突出了传统的感觉。象征着渔夫的绳索的麻花
针，是阿兰编织中最基础的花样。

设计 /SEBATAYASUKO
制作方法 / 94 页
使用线 / 和麻纳卡 ARAN TWEED

菱形

麻花针

泡泡针

看起来很适合男生的帽子，女生戴起来
也非常可爱。

蜂巢

## 简约风中性帽

这是由22页的贝雷帽变化而成的作品。蜂巢花样
的中间改成了起伏针编织，一下子就变得非常简约
了。可以编织成情侣帽子哦。

设计 / SEBATAYASUKO
制作 / 藤井千贺子
制作方法 / 95 页
使用线 / 和麻纳卡 SONOMONO ALPACA WOOL

蜂巢

菱形

桂花针

## 百搭围巾

这是由带风帽的围巾变化而成的作品。将菱形花样
的中间改成了桂花针，并与单列的蜂巢花样组合在
了一起。这是不分年龄、性别都能佩戴的百搭款围
巾。

设计 / SEBATAYASUKO
制作 / 藤井千贺子
制作方法 / 95 页
使用线 / 和麻纳卡 SONOMONO ALPACA WOOL

后背
设计

双锯齿针

双麻花针

麻花针

桂花针

解开纽扣，就是大款的披肩。

披肩式开衫

为了体验阿兰编织的妙趣，来挑战一下稍微大型的作品吧。因为是无需加减针的等针直编，所以编织起来并不困难。将纽扣系上之后，就可以穿出开衫的感觉了。

设计 / 风工房
制作方法 / 96 页
使用线 / 芭贝 BRITISH EROIKA

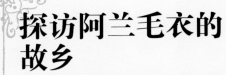

# 探访阿兰毛衣的故乡

为了寻找心目中的古典毛衣作品，我来到了位于大西洋的边际的小岛……

## 传说中的毛衣的诞生

在英国的西面是爱尔兰。在爱尔兰中央的西侧，漂浮在大西洋上的3个小岛被称为阿伦群岛（也译为阿兰群岛）。岛屿由西向东分别是巨岛（又称因希莫尔）、间岛（又称因希曼）和东岛（又称因希埃尔）。世界驰名的阿兰毛衣，就是在这里诞生的。

戈尔韦距离首都都柏林约为200km。从距离戈尔韦很近的罗莎维尔港出发，乘坐渡轮40分钟左右，就能到达阿伦群岛的中心——巨岛的基尔罗南。巨岛是长12km、宽4km的一个细长的岛屿，是因石灰质的岩床隆起而形成的充满岩石的岛屿。岛上几乎没有表土，属于十分贫瘠的土地。这里的人们将碎石和海藻混合在一起，才将土豆栽培成功。他们曾经仅以捕鱼和非常少的农业为生，过着十分贫困的生活，在岛上生活的女人们会编织一些毛衣，来补贴家用。就是在这样的岛上诞生的毛衣，漂洋过海，并以"阿兰"的名称，为世界所知。

有人说，阿兰毛衣拥有上千年的历史。每个家庭都有代代相传的家族图案，男人们会穿着织入了独特花样的毛衣出海捕鱼。如果不幸遇到了海难事故，独特的花样也会成为确定身份的依据。这样带有浪漫色彩的传说，也和阿兰毛衣一起，在世界传播开来。

事实上，对于阿兰毛衣是怎样诞生的，目前并没有定论。不过，至少是在100年以前，以在英国的根西岛流传的渔夫毛衣为基础，加入了从美国回来的妇女们学会的编织花样，逐渐演变而来，这种说法确是事实。至于传说中每个家庭所不同的花样，可能是由于每个人擅长的不同，在母子

相传的过程中，进行变化而成的吧。只不过，编织的人会熟悉自己编织出的针法，所以在发生意外的时候，是能够分辨出来的吧。

现在的阿伦群岛，是非常受欢迎的旅游胜地。在这里可以亲近自然，并且这里很好地保留了爱尔兰传统的盖尔语和凯尔特文化的特色，从而非常具有吸引力。曾经贫困的地方，因为旅游迎来了生机，本是为了维持生计的编织，现在也变成游客们非常喜欢的特产了。虽说在岛上专门编织的人们逐渐老去，但母子相传的传统编织，今后一定会得到继承的。

那个有名的美丽的传说，终究是传说，不过即便只是为了销售毛衣而编出来的，但那些为我们所喜欢的绝美的花样，肯定是在这个岛上诞生的。在千里万里之外，我们也能享受这样的绝美的编织所带来的乐趣，真的是非常幸运的事情。

**1** 岛上的毛衣商店An Tuirne。**2** 也有人说这里是亚特兰蒂斯大陆的边界，以断崖而闻名的旅游胜地荡·昂伽斯（Dun Aengus）。这里残留着在公元前建筑的古代凯尔特的要塞。**3** 堆积起来的石崖就像网格一样绵延不断。**4** 十字架中的漩涡花样是凯尔特文化的象征。这与阿兰花样之间也有相通的地方。**5** 在An Tuirne，正在编织下一个作品的罗斯·弗莱厄蒂。**6** 拍摄于店铺An Pucan。现在很多商店都在出售机器编织的毛衣，而这家店是出售为数不多的岛上手工编织毛衣的店铺。**7** 这是利用岛上具有代表性的编织家玛格莉特·欧弗莱厄蒂的故居开办的商店。她所留下的作品，至今仍在出售中。

[参考文献]《爱尔兰 阿兰毛衣的传说》野泽弥一郎著（织研新闻社），《纪行·阿伦群岛的毛衣》伊藤雪子著（晶文社），《哈里斯粗毛呢与阿兰毛衣》长谷川喜美著（万来舍）。

# Point Lesson　各种阿兰花样的编织方法

这次介绍的阿兰花样，大多是将交叉编织进行了各种各样的变化。

编织符号是表示针目的状态，在上面的针目是在交叉时放在前面的针目。虽然针数、针目会有变化，但基本的方法都是一样的。

※为了能让初学者更快地学会交叉编织，我们这里介绍的是使用了麻花针进行编织的方法。※也有使用棒针编织泡泡针的方法，但在这里介绍的是使用钩针钩编的简单方法。

## 2针中长针的枣形针（泡泡针）

将钩针插入挂有线的棒针针目中，挂线后拉出。

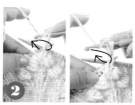

将拉出的针目拉长，钩编2针未完成的中长针。

钩编2针未完成的中长针后，在针上挂线，并从针上的所有的线圈中一次性地引拔而出。（中长针的枣形针）

再次在针上挂线、引拔，将针目收紧。

2针中长针的枣形针完成。

将钩针上的针目移至右棒针。

## 左上2针交叉（中间是1针上针）

将左棒针右侧的3针移至麻花针上，放在后侧。

接下来的2针编织下针。

将麻花针上左侧的1针移回左棒针。

移回的1针编织上针。

麻花针上剩下的2针编织下针。

左上2针交叉（中间是1针上针）完成。

## 左上1针交叉（下侧是上针）

将左棒针右侧的1针移至麻花针上。

将麻花针放在后侧，下1针编织下针。

麻花针上的1针编织上针。

交叉时，左侧的针目出现在上方，左上1针交叉（下侧是上针）完成。

## 左上1针扭针交叉（下侧是上针）

与左上1针交叉的步骤1相同，将左棒针右侧的1针移至麻花针上，放在后侧，再按照箭头的方向入针，编织扭针。

扭针完成。随后，将麻花针上的1针编织上针。

**右上1针交叉**
**（下侧是上针）**

① 将左棒针右侧的1针移至麻花针上。

② 将麻花针放在前面，下1针编织上针。

③ 麻花针上的1针编织下针。

④ 交叉时，右侧的针目出现在上方，右上1针交叉（下侧是上针）完成。

**右上1针扭针交叉**
**（下侧是上针）**

① 与上面的步骤1、2相同，麻花针上的1针编织扭针。按照箭头的方向，从后侧入针。

② 编织下针。

**左上2针交叉**

① 将左棒针右侧的2针移至麻花针上。

② 将麻花针放在后侧，下2针编织下针。

③ 麻花针上的2针编织下针。

④ 交叉时，左侧的2针出现在上方，左上2针交叉完成。

**左上2针与1针的交叉**
**（下侧是上针）**

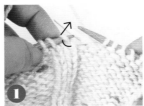

① 将左棒针右侧的1针移至麻花针上，放在后侧，接下来的2针编织下针。

② 麻花针上的1针编织上针。

**右上2针交叉**

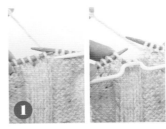

① 将左棒针右侧的2针移至麻花针上。

② 将麻花针放在前面，下2针编织下针。

③ 麻花针上的2针编织下针。

④ 交叉时，右侧的2针出现在上方，右上2针交叉完成。

**右上2针与1针的交叉**
**（下侧是上针）**

① 将左棒针右侧的2针移至麻花针上，放在前面，下1针编织上针。

② 麻花针上的2针编织下针。

# Point Lesson　甜美可爱的连指手套大拇指的编织方法

22页的甜美可爱的连指手套，并没有采用普通的加入另线后留到最后编织的方法，而是采用了先将拇指编好再继续编织的方法。

**①** 在编织大拇指（主体的第11行的中间）之前，采用往返编织。

**②** 接着，大拇指部分编织11针下针。（※为了看得清楚，这里换成了另一种颜色的线。）

**③** 使用卷针加2针。

**④** 翻到反面，编织13针上针。

**⑤** 使用卷针加2针。

**⑥** 翻回正面，编织15针下针。

**⑦** 大拇指部分往返编织，编织12行。

第13行

**⑧** 编织2针，接下来的2针编织左上2针并1针。在其余3个地方也编织左上2针并1针，共减掉4针。

第14行（反面）

**⑨** 翻到反面，编织2针上针，接下来的2针编织上针的左上2针并1针。（从正面看的话就是下针的左上2针并1针。）再编织3针左上2针并1针，共减掉4针。

**⑩** 翻回正面，大拇指编织完成，如图所示，左右的针目均留在棒针上，大拇指部分采用往返编织的方法也编织完成了。

**⑪** 留出30cm左右的线，剪断，并穿入缝针中。将缝针穿入剩余的7针中。

**⑫** 穿2圈线后，收紧。

**⑬** 将指尖收紧后，就能看出大拇指的形状了。

**⑭** 接着，使用挑针接缝的方法，将大拇指的两侧缝合。

**⑮** 交替挑取左右1针内侧的渡线，一边拉线一边缝合。

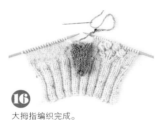

**⑯** 大拇指编织完成。

**⑰** 加入新的线，将棒针插入大拇指的卷针加针处，将线拉出。（加线后，挑取针目）

**⑱** 下1针的卷针加针处，也要挑取针目。

**⑲** 从拇指的2针卷针加针处挑完线的样子。接着编织主体。

**⑳** 编织1针之后的样子。接着编织主体的第11行，直到此行编织完成。

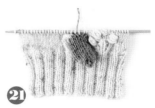

**㉑** 第11行编织完成时的样子。针数变为40针。

**㉒** 翻到反面，编织第12行。

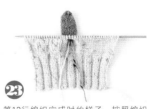

**㉓** 第12行编织完成时的样子。按照编织图继续编织。大拇指与主体的交界处会出现洞洞，在处理线头时，注意要将其间的空隙缩小。

# 编织、连接
# 好玩的花片

花片无论是单片还是连接在一起都非常好玩。
从中心开始，一圈一圈地编织，可以编成各种形状。
使用不同的线材，或是变换颜色，从而带来不同的变化，这就是花片的魅力。

摄影：Yukari Shirai　设计：Akiko Suzuki

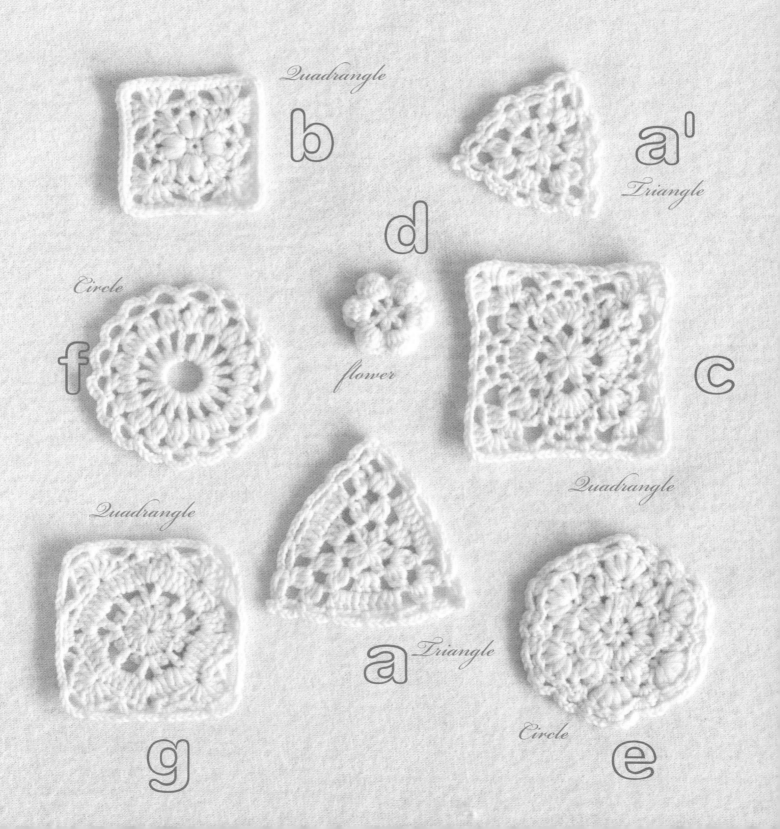

*Quadrangle*

b

*Triangle*

a'

*Circle*

f

d

flower

c

*Quadrangle*

*Quadrangle*

g

a

*Triangle*

*Circle*

e

# 使用三角形花片制作……

## 花片连接的个性假领

将三角形花片连接在一起，就形成了具有个性的假领。可以作为不太张扬的装饰使用。

设计 / ucono
制作方法 / 86 页
使用线 / 奥林巴斯 SILLK GRACE

## 蕾丝花片耳环

使用蕾丝线编织花片a，并省略最后一行，使其变得小一些，再加上金属配件的话，就可以做成耳环了。

使用线 / 奥林巴斯 EMMY GRANDE
<COLORS>

## 单独的花片也可以……

使用极粗的毛线编织花片e，就可以作为杯垫使用。

使用线 / 极粗毛线

# 使用正方形花片制作······

即便是同样的花片，使用不同的线，给人的印象也会发生极大的改变。

b

中心蓬松的花朵，看起来也很像十字架。

## 使用苏格兰毛呢线

# 冬日的祖母方格手提包

这件作品使用了具有独特韵味的苏格兰毛呢线进行钩编，并将中心的花朵做了不同的配色，是非常适合有些灰蒙蒙的冬日的天空的手提包。

设计 / Sachiyo✳Fukao
制作 / 内田 智
制作方法 / 85 页
使用线 / 和麻纳卡 ARAN TWEED

如果使用夏季的线材进行钩编，花片中心就会变得比较平坦。

使用拉菲草感觉的毛线

# 夏日的祖母方格手提包

同样的花片，使用了拉菲草感觉的毛线钩编后，马上就有了清凉的感觉。即便只是用一种颜色钩编，也会带来完全不同的印象，仿佛是不同的花片。

设计 / Sachiyo*Fukao
制作 / 桥诘瞳
制作方法 / 85 页
使用线 / 和麻纳卡 ECO ANDARIA

使用细线

# 口金手拿包

使用细线的话，花片就会变小。在同一面连接了4片花片，制成了口金手拿包。具有女人味的配色也非常漂亮。

设计 / Sachiyo*Fukao
制作 / 内田 智
制作方法 / 91 页
使用线 / 和麻纳卡 EXCEED WOOL FL（粗）

## 使用正方形
花片制作……

### C 方形花朵装饰垫

将4片正方形花片连接在一起，中心就形成了新的花样。连接之后能够展现出不同的感觉，也是花片非常有趣的一点。

设计 / KANNONAOMI
制作方法 / 91 页
使用线 / 和麻纳卡 PAUME（纯棉）CROCHET

## 使用花朵
花片制作……

### d

## 温暖的花海
热水袋外罩

这款能够在寒冷的夜晚带来温暖感觉的热水袋外罩，是使用柔软蓬松的花朵花片连接而成的，看上去，就像是花的海洋。将其重叠在打底的织片上，更能够增加保温性。

设计 / 远藤裕美
制作方法 / 88 页
使用线 / 芭贝 BRITISH EROIKA、QUEEN ANNY

# 使用**圆形花片**制作……

e

## 绚彩段染线毛毯

使用段染线并进行配色，就形成了这件
非常有趣的五颜六色的毛毯。因为每一
片花片都很大，一片片地编织，再连接
在一起，就可以完成非常大幅的毛毯了。

设计 / Sachiyo✳Fukao
制作 / 有邻隆惠
制作方法 / 89 页
使用线 / 奥林巴斯 MAKE MAKE COCOTTE

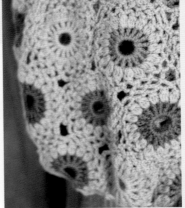

背面

# 使用**圆形花片**制作……

## 可做围巾的带袖披肩

这件带袖披肩的袖口处，使用了圆形花片连接，穿入橡皮筋后，就会形成圆滚滚的轮廓。中心使用了不同的颜色，十分显眼，看起来就像水玉花样一样。

设计 / 稻叶裕美
制作方法 / 90 页
使用线 / 和麻纳卡 纯羊毛中细线

### 别样围巾

可以不穿衣袖，直接披在肩上，还可以对折后，当作围巾围在脖子上。

使用**正方形花片**
制作……

g

## 长款吊带背心

胸部的花片是这件作品的亮点。如果使用优质的亚麻毛线钩编的话，就可以穿着3个季节了。

设计 / KANNONAOMI
制作方法 / 86 页
使用线 / HOBBYRA HOBBYRE LINNET WOOL

# 多彩可爱的时尚小物件

使用带有鲜艳的颜色以及具有质感的线材，来亲手编织奢华的小物件吧。
下面就来介绍在秋冬的基本搭配上加入华丽的设计的适合成人的多彩编织。

摄影：Ikue Takizawa　设计：Kana Okuda（Koa Hole）　发型及化妆：Yuriko Yamazaki　模特：Fenella

Shawl
Gilet

## 时尚靓丽的马甲式披肩

在前面将带有流苏的线绳系住后，就是马甲的感觉；轻松地披在肩上，就是披肩的感觉。这是非常时尚的一件作品。

设计 / 武田浩子
制作方法 / 100 页
使用线 / HOBBYRA HOBBYRE MOHAIR
BLOSSOM

这是使用了单色线和段染线钩编而成的花片。可以同时体验到两种线材的钩编乐趣。

流苏装饰的边缘，
更添了一分女人味。

## 多彩横条纹手织帽

这顶带有球球的编织帽的配色，是它的亮点，
非常适合成人。

设计 / SUGIYAMATOMO（编织设计工作室）
制作方法 / 100页
使用线 / HOBBYRA HOBBYRE WOOL SHELLY

Knit cap

## Ribbon bag & Brooch

## 蝴蝶结形手包和装饰别针

使用圈圈针编织而成的大容量蝴蝶结形手
包很适合赴约时携带。大大的装饰别针，
也非常有冲击力。

设计 / ucono
制作方法 / 101页
使用线 / HOBBYRA HOBBYRE LOOP BALLOON

---

### 作品中使用的线

**WOOL CUTE**

这是使用带有柔软手感的优质羊毛
制成的细线。2根并在一起或是与
其他颜色搭配后使用，都非常方便。
全25色 25g / 团 约150m 细

**LOOP BALLOON**

这是将柔软的羊毛染成长循环变
化的飞白毛线，是粗的圈圈毛线。
全6色 80g / 团 约80m 超级粗

**WOOL SHELLY**

这是拥有柔软的触感、又轻又暖、
蓬松的丝线。含羊毛100%。
全10色 40g / 团 约70m 中粗

**STRECH POP**

这是在优质的美丽诺羊毛的起毛线
中，加入了聚酯纤维的直线毛。
全9色 40g / 团 约110m 中粗

**MOHAIR BLOSSOM**

这是将羊毛与马海毛捻合在一起，
颜色规律循环的渐变线。质轻、舒
服的手感，是它的魅力所在。
全6色 40g / 卷 约108m 中粗

# 暖融融的  家居编织

在外面刮着冷飕飕的秋风的时候，暖暖地窝在家中是最幸福的事情了。
快在家中优哉游哉地享受编织带来的乐趣吧。

摄影：Ikue Takizawa　设计：Kana Okuda（Koa Hole）发型及化妆：Yuriko Yamazaki　模特：Fenella

*love ouchi knit*

## 多用迷你毛毯

可以披在肩上，也可以盖在膝上。有诸
多用途的迷你毛毯，暖和而又值得依赖。
为了披在肩上的时候不会一下子滑落，
所以加入了纽扣的设计。

设计 / 冈本启子
制作 / 矢野晶子
制作方法 / 82页
使用线 / Nordic 超级粗

使用了超级粗的毛线，刷刷刷地编织，
可以比想象中快很多地完成。

背面

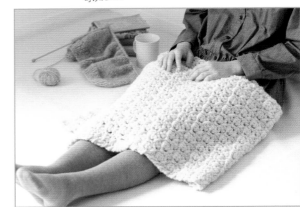

## 方形花片坐垫

这件可爱的坐垫，选择了复古的配色，是将鼓
花缎毛线2根合并紧密地钩编而成的。立体的
花朵花片，让人坐起来更加舒适。

设计 / 冈本启子
制作 / 关口香
制作方法 / 83页
使用线 / CINIGLIA

出门的时候也可以使用。

给雅致的冬日服装，

带来一抹色彩。

可以根据马克杯的大小，使用细绳进行调节。

为了留出喝水的位置，

可以将上部的细绳系在杯子的把手下侧。

## 织入花样的篮子

使用超级粗的毛线紧密地钩编短针而成的篮子。
使用它盛装编织用具，能够提高编织的热情哦。

设计 / 武田浩子
制作方法 / 84页
使用线 / Nordic 超级粗

## 马克杯外罩

在家度过悠闲时光时，不可或缺的就是热饮，这件
作品就是给马克杯编织的可爱外罩。它不但看起来
可爱，还能起到保温的作用。

设计 / 梦野 彩
制作方法 / 83页
使用线 / Chameleon Camera

## 作品中使用的线

### Chameleon Camera

这是从意大利进口的袜子毛线，一看到它，视
线简直就不能离开了，心一下子被它吸引住了。
编织完成后，会自然而然地呈现出可爱的挪威
风的图案。预计在今年还会发售单色和新的颜
色。不局限于袜子，也推荐用它来编织其他小
物件！

全14色 100g / 卷 约420m 细

### CINIGLIA

这是从意大利运送过来的时尚的鼓花缎毛
线。其舒适的触感、独特的质感以及奢华
的风格，都是它的优点。

全12色 50g / 卷 约60m 较粗的中粗

### Nordic 超级粗

粗粗的，很舒服。这是100%的羊毛，具有蓬松、
可爱以及厚实的感觉。无论是保暖性还是编织
出来的效果，都好得无与伦比。

全8色 80g / 卷 约53m 超级粗

贴近生活的编织时间

# 我与编织和手作的故事

下面我们就来介绍两位编织家的工作室，她们都在积极努力地运用自己掌握的有关编织的知识，来组织研习会、比赛活动等，从而向周围的人传递手作的温暖。

摄影：Yuki Morimura　撰文：Sanae Nakata

## 1 Aiza Hand made
## 关井弥英子

她是编织品牌"AizaKnit"的主管兼设计师。她毕业于VANTAN设计研究所。她以帽子为中心，提出了许多手作的方案。
http://www.ac.auone-net.jp/~aiza/

**1** 她非常喜欢毛毯，到目前为止，已经制作了超过20件的大幅作品。**2** 她非常喜欢在昭和三四十年代（20世纪50~70年代，译者注）编织热潮时出版的手工书。**3** 为了能够让大家轻松地参加研习会，毛线和钩针都是由弥英子来准备的。

## 在编织的同时，配色的创意会不断地涌现出来

将许多线团放在面前后开始制作。做出来的作品都是独一无二的。

**1** 为自己编织的马甲。**2** 将发带卷成头巾的样式也非常时尚。使用原色的毛线编织而成的简约的假领。**3** 在研习会上制作的环保刷碗布的样品。**4** 浅色的帽子中加入了独特的绿色，给人留下了深刻的印象。**5** 贝雷帽和护耳帽，非常可爱的花朵刺绣是作品的亮点。**6** 使用渐变毛线编织的长款的三角形披肩。可以有多种披法。**7** 加入了许多褶边的短上衣，是将一整片的织片的两侧缝合后完成的。

### 在教别人的时候会有新的发现

粉色再加上原色、紫色……弥英子一般都会一边编织一边调整配色，在加减线的过程中完成整个作品。她是从善于手作的妈妈那里学会的编织。在她高中的时候，第一次使用花片连接的方法制作了小物件，据说她就是从那时开始沉迷于钩针的魅力之中的。她觉得"可以自由地创作平面和立体的作品，并且在出现错误的时候可以马上拆开重来的这几点，非常符合自己的性格"。

她最初开始举办研习会的原因是，帮助她出售作品的杂货店老板拜托她在杂货店教授编织。现在回想起来，转眼间已经过去了10年。"虽然很多人对于编织的印象就是一个人一点一点地编织，但是我希望大家能够通过课程，来分享编织的乐趣。"适合初学者学习的课程中的环保刷碗布，不光有许多需要学习的技法，她还在设计中加入了会令人很想编织下去的小心思。在这些准备以及实际教学的过程中，她还会发现新的可以改善的地方，自己也能得到提高。

弥英子说："对于我来说，编织就是展现自我的方法。"以前，她曾在外出的时候看到有人戴着她委托杂货店出售的帽子，特别激动。就像这样，她想着不认识的人也会珍惜地使用着她的作品，成为她创作的动力。

**1** 这间房间是儿童房兼工作室。过家家系列中还有手编的甜甜圈。**2** 将种有绿色植物的杯子用编织物吊了起来。**3** 她参考着书，给"袜子猴"手编了外套。**4** 弥英子非常喜欢多肉植物。每次增加新的植物的时候，她都会使用钩针给花盆钩编外罩。**5** 窗边的沙发是编织物的舞台，顶棚上的装饰带是从三角形的披肩中获得的灵感。**6** 在Fire-King的杯子下面垫的是与之相协调的用于隔热的复古花片。

## 温暖的编织物与木质的室内装修是最搭配的了

❖ 室内装修的主题是"山中的小屋"。编织物明艳的色彩使其成为了亮点。

### 大家在一起进行研习

研习会上使用的作品最重要的一点就是能够在短时间之内完成。弥英子觉得"看到大家完成时的笑脸是最高兴的事情了"。

苹果造型的环保刷碗布是令弥英子非常自豪的作品。在菠萝针编织的主体上缝上了由线圈构成的叶子。

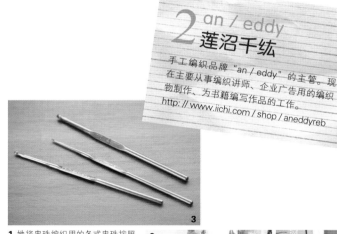

**2** an / eddy
**莲沼千纮**

手工编织品牌"an / eddy"的主管。现在主要从事编织讲师、企业广告用的编织物制作、为书籍编写作品的工作。
http: // www.iichi.com / shop / aneddyreb

**1** 她将串珠编织用的各式串珠按照颜色、形状分类后，装在可以叠起的盒子中。**2** 她会经常使用富有变化的毛线，所以当遇到自己喜欢的毛线时，大多会购买一整轴线。**3** 她会一直全神贯注于编织，钩针的金属镀层经常在1个月左右就被磨光了。**4** 千纮很擅长纤细的钩针编织，使用蕾丝线并编入串珠来制作首饰等。她一直希望大家能够了解，夏天也能体验到的编织多彩的作品的乐趣。**5** 她为了祝贺朋友结婚，正在钩织方眼花片。**6** 她使用外国的十字绣图案集，作为织入花样的参考。

## 在发散思维下制作出的色彩鲜艳的作品

她会使用串珠、有年头的布料等进行设计，创意繁多

1 编织人偶的时候，她会使用不同的编织方法和线材，自由地发挥。2 这是使用蕾丝花片组成的3组装饰别针。3 这件拼布围巾是使用了具有年头的布料和钩针编织的花片，一片一片地拼接而成的。4 拆开重做的原材料是从祖母那里得到的和服布料等，每次她都会带着感恩之心重新制作。5 这些首饰，都编入了很多色彩鲜艳的串珠。她会选择鲜艳又不失庄重的颜色，制作成适合成人的华丽的装饰品。

## 不局限于手工艺中，她的目标是艺术的世界

千纮在文化服装学院的编织专业学习了基础知识之后，成了编织艺术家。据说她在学习的时候，在创作欲望的驱使下，会一连钩编许多小时。她的毕业作品一共有3件，其中的一件就是加入了很多褶边的礼服，在毕业的发表会中完成了华丽的展示。

毕业后，她曾担任过服装品牌的设计师，现在是自由编织艺术家。千纮认为"编织，可以说是有无限的可能的"。她现在工作的内容不仅仅局限于作品的出售、召开研习会，她还会为演员提供服装，使用编织机进行公开表演，

甚至还提出过对于编织造成的运动不足的自身调节方案，等等，她涉及的领域广泛得令人吃惊。她说，能和曾经是中学同学的插图画家、柔道正骨师一起工作，是一件非常快乐的事情。

目前，她正在考虑创作能让大家感受到日本的四季变化的作品。她希望能够通过编织和插图来重现每个季节的花朵，或是编织能够代表季节的花片再制成树脂的装饰，等等，她的新创意层出不穷。她还非常有兴趣和其他领域的艺术家们合作。千纮作品的变化很值得期待啊。

**1**

希望挖掘更多的编织的
可能性

我想在自己的编织作品中加入更多的
时尚元素

**4**

**1** 学校毕业作品中的编织礼服（左）。这件作品蕴含了花片、流苏等诸多技巧（右）。微妙的渐变，是使用了不同颜色的细线并在一起等技巧而实现的（中间）。两端挂着的窗帘是使用极细的马海毛毛线编织的。**2** 制作了不同颜色的三角形披肩、长方形披肩。**3** 使用夏日毛线编织的长款上衣，胸前的镂空花样中加入了串珠进行装饰。**4** 底部使用编织机编织，脚踝部分使用钩针钩编花样，是千纮独特的设计。**5** 与发带同款的三角形披肩。对于简约的网格针，推荐使用渐变线。

**3**

**2**

为演员提供服装

编织中的世界观

她为创作歌手yusamajka制作的演出服装。
照片是她穿着编织礼服拍摄时的截图。

这件礼服中使用了大量的镂空花样，并将腰身收得非常好看。

**5**

新连载

和michiyo一起编织！

# 懒人编织部

受欢迎的编织家michiyo，
非常喜欢去掉了麻烦的步骤的"懒人编织"！
那我们就让michiyo来教大家
好编又可爱的编织吧。
因此"懒人编织部"就此开始。
让我们一起快乐地编织吧！

设计：michiyo 摄影：Yukari Shirai 造型：Akiko Suzuki

**michiyo**
曾经做过服装、编织的设计，从1998年
开始成为了编织家。曾出版过《快乐的编
织——每天都想穿的编织服装》《编织男
子3》等诸多著作。从2012年开始主办的
编织咖啡，每次都会座无虚席，人气非常
高。
http:// mabooo.boo.jp / michiyo.html

第**1**课

## 简单的袜子

袜子给人留下的印象大多是比较难的，所以我
想出了使用钩针的简单的钩织方法。芥末黄色
与灰色的配色也非常时尚。不需要配色的时候，
就不需要将线剪断，直到编织完成。

**懒人要诀**
① 钩针很简单! 没有难的编织方法!
② 从脚尖开始一圈圈地环形编织!
③ 脚后跟也是一起编织完成的!
(※如果只使用一个颜色的线, 那就可以无需剪断毛线, 从头一直编到尾!)

和麻纳卡 KORPOKKUR
钩针5/0号

# 简单的袜子的编织方法

**编织要点**
● 使用灰色线环形起针, 在长针加针的同时, 编织6行。
● 换成芥末黄色的线, 编织14行编织花样。
● 换成灰色线, 脚后跟部分使用长针往返编织8行。
● 换成芥末黄色的线, 从脚末跟★处的一行挑针, 环形编织12行编织花样。

**材料与工具**
和麻纳卡 KORPOKKUR
芥末黄色 (5) 65g, 灰色 (3) 15g
钩针5/0号

**完成尺寸**
脚长约24cm, 宽约14cm

**密度**
10cm×10cm面积内: 编织花样
24针, 11行

---

**michiyo的小秘密**

## 以下的配色也不错

蓝色 (11) +
米色 (2)
▼
比较舒适, 适合男生

苔绿色 (12) +
灰色 (3)
▼
有些怀旧, 雅致

浅粉色 (4) +
深灰色 (14)
▼
小女生的感觉

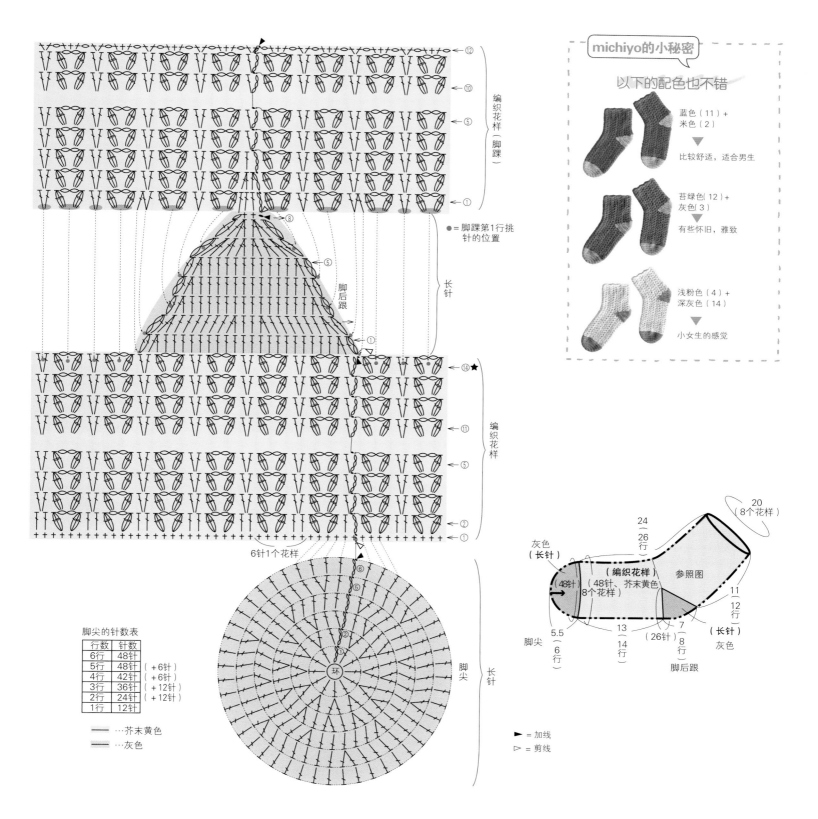

编织花样 (脚踝)

●=脚踝第1行挑针的位置

长针

脚后跟

编织花样

14★

11

5

2

1

6针1个花样

长针

脚尖

**脚尖的针数表**

| 行数 | 针数 | |
|---|---|---|
| 6行 | 48针 | |
| 5行 | 48针 | (+6针) |
| 4行 | 42针 | (+6针) |
| 3行 | 36针 | (+12针) |
| 2行 | 24针 | (+12针) |
| 1行 | 12针 | |

—— …芥末黄色
—— …灰色

环

► = 加线
▷ = 剪线

20
(8个花样)

24
26行

灰色
(长针)

(编织花样)
(48针) (48针、芥末黄色
8个花样)

参照图

11
12行

5.5
(6行)
脚尖

13
(14行)

7
(8行)
脚后跟

(长针)
灰色

## Point Lesson 要点讲解

虽然没有难的编织方法，但也要注意一些要点。编织的时候要注意调整好整体的形状。

### 从脚尖开始编织

1

使用灰色线环形起针，立织3针锁针，钩编长针。

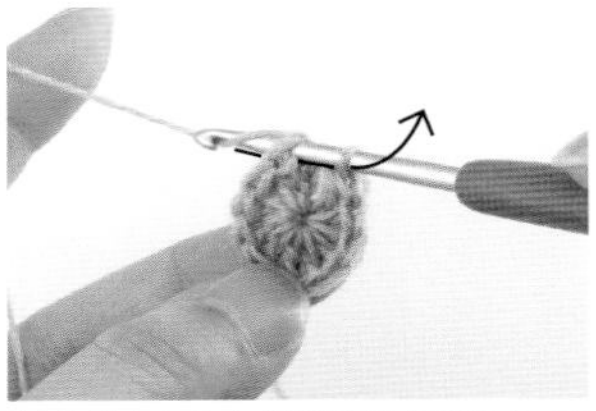

2

钩编11针长针（加上立织的锁针共12针），引拔立织的3针锁针最上面的那针锁针。

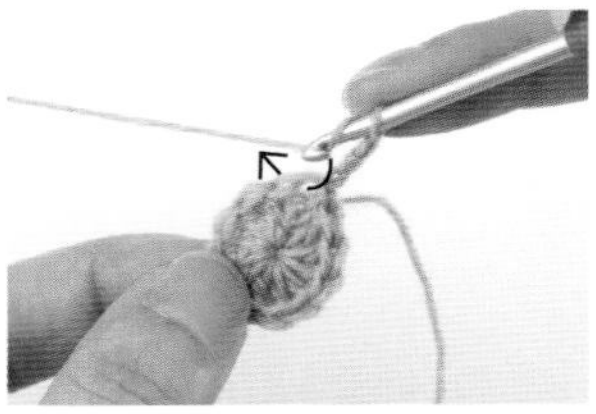

3

立织3针锁针，在相同的地方再钩1针长针。

4

在前一行的1针长针上放出2针长针，就这样一边加针一边钩编到第5行。

5

第6行不加针（48针），最后一针长针保持未完成的状态，换线。在针上挂灰色线，在针尖处挂芥末黄色的线，引拔。

6

换线完成。引拔立织的3针锁针最上面的那针锁针。

### 钩编编织花样

7

编织花样的第1行钩编短针，第2行立织3针锁针，钩编1针长针后，钩编3针长针的枣形针。

8

接着钩编2针锁针、3针长针的枣形针、2针长针后的样子。

9

第2行的编织终点处，整段挑取立织的锁针和第1针长针中间的位置，引拔。

10

第3行立织3针锁针，与步骤9使用同样的方法，整段挑起前一行的长针进行钩编。

11

钩编3针长针的枣形针、2针锁针、3针长针的枣形针，在前一行针与针之间的空隙处插入钩针，织2针长针。

12

通过在前一行针与针之间的空隙处织2针长针，让织片的镂空感减弱，并产生一定的弹性。

13

钩编14行后，将线剪断，处理线头。

### 编织脚后跟

14

在脚后跟编织起点处插入钩针，引拔灰色线。

15

使用灰色线钩编脚后跟。

16

按照编织图钩编1行长针。（边上是2针长针的枣形针）

17

翻到反面，往返钩编。使用2针长针并1针的方法减针。

18

钩编到脚后跟第8行时的样子。

19

将灰色线剪断。

20

脚后跟钩编完成。处理线头。

21

加入芥末黄色的线，从脚后跟最后一行及其侧面挑取针目，钩编编织花样。

22

接着在编织花样的第14行（图中的★处）的针目上挑针，环形钩编1行。

23

环形钩编1行之后的样子。接着钩编11行编织花样。

24

完成。

# 令人激动的编织之旅 波罗的海三国

最近，我开始注意到了"波罗的海三国"。现在我就向大家介绍，当地可爱的编织物件、鲜艳的民族服装、在森林中的手工艺品市场等，那里遍地都充满了手工艺品的影子。

摄影：Yukari Shirai（52页物品） 撰文及摄影：Sanae Nakata

赞助：爱沙尼亚政府旅游局、拉脱维亚政府旅游局、立陶宛政府旅游局

## 爱沙尼亚

### 像童话一般的首都——塔林
### 在漫长的寒冬中
### 盛开着可爱的编织之花

爱沙尼亚共和国是波罗的海三国中最北面的国家。从首都塔林的高楼上向下看，就能看到古老的街道中还保留着中世纪特色的带有红色屋顶的建筑物和古老的石板路。在冬季，这里的气温有时候会下降到零下20℃，温暖的羊毛制品是必不可少的。在这样的街道中，不但有手编的物品，还有使用家用编织机以及简称为"手横"的手动横向编织机编织而成的物品。传统的织入花样，以被认定为非物质文化遗产的基努文化空间为中心，也逐渐为人们所重视并传承下来。

12月的这一天是零下10℃

### 波罗的海三国

在芬兰的对岸，在波罗的海沿岸的爱沙尼亚、拉脱维亚、立陶宛，被称为波罗的海三国。它们虽然都曾有过被其他国家统治过的复杂的历史，但古朴美丽的街道与原始自然环境依旧被保留下来了。除此之外，这里珍贵的传统手工艺也得到了传承，是目前很受关注的几个国家。

### 在街角的温馨装饰

像有名的建筑物胖格丽特堡垒一样，塔林的好多地方都有昵称。在街上走着，就能看到穿有传统编织的人偶，正在商店的门口迎接着客人。在圣凯瑟琳通道的两侧，摆满了传统手工艺人们制作的手工艺品。还有许多文艺范儿的招牌、手工艺品的展览等，只是在那里散步，心就会变得暖融融的。

### 逛圣诞节集市

冒着严寒在旧市政厅广场上举办的圣诞节集市上，以手工制作的羊毛制品为首，木制工艺品、亚麻、篮子、皮革，有许多难得一见的小物件。在逛的同时，还可以喝上一杯热红酒来暖暖身子！

**1** 以圣诞树为中心，周围排列着店铺。集市在每年的11月下旬开始，一直举办至次年的1月7日左右。**2** 孩子们戴着颜色、形状各不相同的护耳帽。**3** 三个帽尖上都坠有球球的这顶帽子，是供大人使用的。

如果将顶部摘下来的话，就能露出手指的连指手套。在"毛衣之墙"购入。

这里！

### 探访有名的"毛衣之墙"

沿着绕城的城墙，一年之中都会有许多人来这里摆摊，出售编织制品。这里有作为特产的手编连指手套、机器编织的满身花样的服装和可以做围巾的长长的帽子等，十分引人注目。除了爱沙尼亚的传统图案，还有北欧图案、动物图案等，样式十分丰富。好多店主都是一边编织一边看店，他们谈起编织来，都是口若悬河。

**4** 编有多彩的织入花样的人偶。**5** 雨靴形的雨水槽是长腿街上一家西餐馆的招牌。**6** 将织片毛毡化的帽子也很受欢迎。**7** 一下子就吸引了我的注意力的编织开衫。帽子两头长长的部分成为了围巾。

传播着拉脱维亚传统手工艺的商店"sena klets"中展示的民族服装。http://www.senaklets.lv/

**在尊重传统的国家见识到手工艺人的技术，带有纤细的织入花样的连指手套，是拉脱维亚具有代表性的手工艺品**

拉脱维亚共和国是充满了音乐与舞蹈的国度。首都里加是被形容为波罗的海的珍珠的港口城市。拉脱维亚从苏联脱离第二次独立后，作为波罗的海三国中最大的城市里加十分繁荣。在拉脱维亚的编织物中，不得不提的就是带有织入花样的连指手套。在2006年的NATO首脑会议（北大西洋公约组织首脑会议，简称北约峰会，译者注）中，它作为当地特有的礼物被送给了各国的首脑，从而闻名世界。现在，孩子们可以在学校学习到传统的连指手套的编织方法。不仅是连指手套，众多的细致的手工艺品，也是拉脱维亚的魅力之一。

夏日，里加的公园里充满了绿色

## 连指手套是民族服装的一部分

拉脱维亚大体上可以分为拉特盖尔、维泽梅、泽梅盖尔、库尔泽梅4个州，不同州的连指手套的花样各不相同。大部分是使用2股的细线进行编织，所以编织出来的花样也十分细致。它作为民族服装的一部分，发挥着重要的作用。据说在婚礼的时候，作为嫁妆，要准备几十双的连指手套。现在，编织家们为了能够将其传承下去，通过复制博物馆中的藏品，将古老的图案收集整理成书籍等，制作了许多资料。

这个展板的后面是博物馆广阔的森林。

**1** 这是库尔泽梅州某制线企业制造的线，颜色鲜艳、略粗。**2** 制作篮子的企业PINUMU PASAULE的制品摆满了山坡。**3** 参展的人会穿着民族服装。**4** 与民族服装搭配的鞋子。**5** 大家还会自发地唱起歌、跳起民族舞蹈。**6** 我发现了大型的连指手套形状的背包。

## 每年一度的"手工艺品市场"是手工艺品的宝库

这个手工艺品市场，会在每年6月的第一个周末，在拉脱维亚的野外民族博物馆的森林中召开。能够代表国家水平的手工艺品齐聚一堂，在拉脱维亚国内生产毛线、亚麻线或为其染色的厂家都会到这里参展。可以说这是能够快乐地享受拉脱维亚的编织的盛典。另外，在博物馆中，有迁筑过来的古老房屋，在部分房屋中还能看到那里所藏的连指手套（左）。

## 拉脱维亚值得称赞的地方

### 圣诞树的装饰品

有人说，拉脱维亚是最早开始装饰圣诞树的国家。现在能找到许多拍摄于里加的市政厅广场前，留下了充满圣诞树的回忆的照片。

### 送花的习惯

在拉脱维亚，人们在拜访朋友家的时候，都习惯带束花。喜事的时候是奇数，丧事的时候是偶数。在街上，有24小时营业的花店。

圣彼得与保罗
大教堂的外观

# 立陶宛

同时拥有古典与现代的编织风格，能够让人感受到立陶宛深厚的文化底蕴

立陶宛共和国是拥有大小约4000个湖泊的森林与湖泊之国。作为虔诚的天主教国家，其首都维尔纽斯自然有许多教堂。在街上经常能够看到的是连指手套、袜子等。将其认定为立陶宛遗产的传统手工艺家们，为了能够让这个国家独有的传统不断传承下去，做了相当多的努力。这里也非常流行蕾丝编织，似乎是与在16世纪左右与邻近的波兰曾合并成一个国家有着一些关系。

**1** 在郊外的购物公园中举办的手工艺品集市。
**2** 在改制服装商店的门口正在售卖的毛线。
**3** 在维尔纽斯的商店中发现的穿着蕾丝服装的天使。**4** 亚麻专卖店LINO NAMAI。最里面放着的是亚麻线的线轴。

**5** 照片9中的老板编织的手套。**6** 在照片1中的商店购买的婴儿袜。**7** 绘画用品商店dailu前面的一棵树被罩上了编织的外罩，十分漂亮。**8** 据说长袜是要搭配着靴子来进行选择的。**9** 开朗的老板在展示着她的作品。

## 制作有自己独特风格的编织物，让生活变得丰富多彩

立陶宛能够让人感受到，那里并不是固守传统，而是通过创意带来了新的魅力，有一种积极向上的氛围。在脱离苏联独立后，人们可以更容易地使用到从波兰、捷克进口的串珠。他们将这些串珠使用在民族服装中的手套上，使其变得更加华丽了。现在从事制作的人们，都会通过加入各种变化，来做出自己独特的风格。

## 有意思的纪念品

在Boutique Privilege买到的多层玫瑰的胸花。是直径约为7cm的钩针作品。

**立陶宛**

LINO NAMAI的优质的亚麻十字绣布和亚麻线。线是极细的，非常有光泽。

蜂蜜和花粉粒。蜂蜜可以用于花茶。据说每天食用两三粒花粉粒可以预防感冒。

封面印有传统花样的笔记本。谜语书、明信片等也非常受欢迎。在Hobbywool购入。

**拉脱维亚**

腿环是男性们在穿着民族服装时在脚踝的装饰。这里的织入花样是星星的图案。

拉脱维亚传统的连指手套。在拉脱维亚语中叫作Cimdi。以前，非常寒冷的时候，人们会将两双套在一起佩戴。

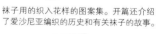

袜子用的织入花样的图案集。开篇还介绍了爱沙尼亚编织的历史和有关袜子的故事。

**爱沙尼亚**

爱沙尼亚产的羊毛线。是按照重量出售的，仔细看的话还会发现里面似乎还夹杂着稻草。

---

## 推荐商品

**立陶宛**

### Boutique Privilege

位于维尔纽斯琥珀博物馆的侧面，是一家出售手作时尚小物件的店铺。那里的皮革、天然石的商品也很受欢迎。

http:// privilege.lt /

**拉脱维亚**

### Veverisas

从里加坐大约2个小时的大巴就能到达的机器编织工作室。这里出售民族服装和连指手套、腰带等小物件。

http://www.veverisas.lv /

**拉脱维亚**

### Hobbywool

位于里加的手工艺品专营店。不仅有连指手套，从编织玩具到服装，这里出售着各种各样的作品，还会举办编织教室。

http://www.uzadi.lv /

**爱沙尼亚**

### Madeli kasitoo

走过Voorimehe路一点点就能够到达，是出售爱沙尼亚手工艺品的店铺。出售着丰富多彩的编织制品。

http://www.madeli.ee /

# 编织用蕾丝
# 假领和小物件

将手编的编织物与蕾丝组合或是重叠……
可以轻松地实现可爱的组合的
"amu编织用蕾丝"隆重登场。
不需要费事的起针，
可以在蕾丝的基础上直接编织，是它的魅力所在。

摄影：Ikue Takizawa　设计：Kana Okuda(Koa Hole)
发型及化妆：Yuriko Yamazaki　模特：Fenella

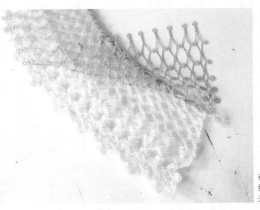

在蕾丝上部针目的孔中加
线，就可以直接进行编织，
无需起针非常方便。

amu 衣领蕾丝
圆点点花片

## 花片重叠的
## 蕾丝假领

这件作品是将使用马海毛编织的
带有镂空感的花朵花片和
可爱的圆点点蕾丝组合而成的。
只要将蕾丝的下侧剪断，
就可以贴合着领部成为很好看的形状。

设计 / 草本美树
制作方法 / 97页
使用线 / 和麻纳卡 ALPACA MOHAIR FINE

## 将毛领与圆形珠宝蕾丝
## 组合在一起……

使用了长毛绒毛线编织的假领和
银色的蕾丝，是非常适合赴约的搭配。
使用多余的毛线和蕾丝制作了
同款的装饰别针和耳环。

设计 / 铃木美纪江
制作方法 / 98页
使用线 / 和麻纳卡 LUPO

背面

反面使用了长毛绒毛线编织，
与正面是不同的感觉。

## 使用树叶图案的
## 流苏蕾丝制作……

仅仅是点缀了少许的蕾丝，
简单的手提包就变得华丽了。
还可以用于手提包的提手和其他装饰上，
思考怎样利用多余的蕾丝也非常有趣。

设计 / 草本美树
制作方法 / 99页
使用线 / 和麻纳卡 SONOMONO ALPACALILY、
LUPO、TITI CROCHET

**amu编织用蕾丝**

将蕾丝的下侧剪断，就可以像衣领一
样地铺开的编织用衣领蕾丝（全11
种），以及带有纤细的流苏的编织用
流苏蕾丝（全22种）。在不同的地方
剪断，会呈现出不同的效果。

**作品中使用的编织用蕾丝**

左：amu衣领蕾丝，圆点点花片（H906-006-2），
约70cm
中：amu衣领蕾丝，圆形珠宝花片（H906-005-101），
约70cm
右：amu流苏蕾丝，树叶形花片（H906-002-4），
约1m

# 时尚包包和小物件

想不想尝试一下通过缝纫机来拓宽编织的世界？
如果使用著名的瑞士贝尔尼娜家用电动缝纫机，无论是什么都可以自由地缝制。
手提包制作家越膳，为大家提供了灵活利用剩余毛线的好主意。

摄影：Yukari Shirai  设计：Yuka Koshizen

## 拼布
## 手提包和手包

将剩余的毛线编织成同样的大小，再裁剪出一些与其大小相同的薄皮料进行拼接。在皮料上缝上毛线，就能让两种材料融为一体，是别出心裁的设计。使用合适的压脚，就能够让缝纫变得更加简单，效果也会更好。

制作方法 / 102、103 页

---

提到缝纫机，大部分人想到的就只是直线缝和锯齿缝了吧？其实，只要使用不同的压脚，就能做出超多的效果。

## 好好地利用压脚，让缝纫机变得更有趣！

**#55 皮革用滚轮压脚**
在皮革或塑料的材质上缝直线或锯齿线时使用。由于可以将边儿压住，因此也可以在花朵上做刺绣。

**#12 锁边压脚**
在较厚的针织筒形布或者织片上锁边、滚边时使用。图中即为将粗毛线镶嵌到接缝中。

**#21 编织物
（鼓花缎刺绣）压脚**
除了毛线，还可以将粗的装饰线、细绳、细的缎带等穿入孔中，然后在上面缝直线或锯齿线的压脚。

## 毛线刺绣的靠垫套

如果将剩下来的少量毛线用于刺绣，就能有全新的感觉了。还可以将试编的小花片使用滚轮压脚缝在上面，效果也不错。

制作方法 / 103 页

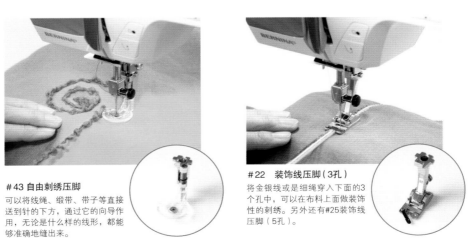

**#43 自由刺绣压脚**

可以将线绳、缎带、带子等直接送到针的下方，通过它的向导作用，无论是什么样的线形，都能够准确地缝出来。

**#22 装饰线压脚（3孔）**

将金银线或是细绳穿入下面的3个孔中，可以在布料上面做装饰性的刺绣。另外还有#25装饰线压脚（5孔）。

\变化的毛线、多余的毛线也大有用处! /

# 硬纸板编织器编织的毛线小物件

比起织来说，编的优点是可以使用更少的毛线来制作可爱的小物件。
所以，我们可以有效地利用编织时剩余的毛线，来做一些不一样的尝试。
这次我们使用身边常见的硬纸板，来向大家介绍简单的编的方法。

摄影：Yukari Shirai　设计：Akiko Suzuki　撰文：Sanae Nakata

**设计、制作**
**荫山晴美**

她会使用我们身边常有的素材——毛线、布、电线等，来进行手工艺品的创作，甚至还会进行一些木工制品的创作。她希望能够通过制作这些东西，让生活变得更加丰富。她现在在为杂志撰稿、著书，还是研习会的讲师等，活动的范围十分广泛。
http://www.kageyamaharumi.com/

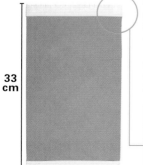

### 编织器的制作方法

❶ 硬纸板沿着纵向条纹的方向剪裁成纵向33cm、横向18cm的长方形。略微压一下上上两端，并粘上布用胶带。

❷ 粘上布用胶带之后，沿着硬纸板条纹的方向，用铅笔做上记号，使用美工刀切1.5cm的牙口，上下对齐地切割。

**33 cm**

**18cm**

### 有关编织器

硬纸板编织器大致可以分为3种。这次我们使用其中的"板式编织器"来制作小物件。

编织器的材料一般是从空的硬纸箱上裁剪下来的。在选择时要注意两点，一是硬纸板表面条纹的宽度要略小于1cm（挂线时，我们会根据这个条纹来剪牙口），二是我们要使用的平面上不能有折痕。

 **三折手包**

是使用了多根变化的毛线编成的。如果选择的线材不同，就能够编出不同感觉的作品。
使用线 / AVRIL URAN、MEN CURL、RAINBOW SLAB

在盖子的内侧缝上了树脂的按扣，由于是比较薄的半透明材质，所以一点也不显眼。

 **口袋纸巾包**

使用蓬松的马海毛、花式毛线来编，即便是针目没有对齐，也不容易看得出来，非常适合初学者。
使用线 / 芭贝 TRIORA、MARMOTTA

 **荷包**

编入的粗缎带，成了这件作品的亮点。可以使用线之外的材料，是只有硬纸板编织才能做到的。
使用线 / 和麻纳卡 SONOMONO LUPO

# 硬纸板编织器的编织要点讲解

## 1 纵向挂线

在编织器上部最右面的牙口处，留出3cm左右的线后，挂到上面。接着再将线绕到下部最右面的牙口上，并将线拉紧。这样就算作1根（1针）。接着将线挂在旁边的牙口上，然后再挂到上部的牙口上，并将线拉紧。重复这样的步骤，缠绕出所需的根数（针数），记得要拉紧。直到最后将线挂完、拉紧后，留3cm左右，并将线剪断。

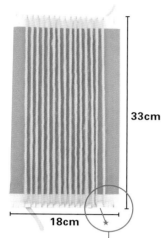

**33cm**

**18cm**

两个牙口之间的线呈现的是コ形。

**要点**

如果挂线时拉得过紧，摘下来的时候长度就会缩小，如果挂得太松又不利于编织。所以在挂经线的时候要注意松紧适当。

### 横向接线的时候

新线与旧线重叠大约5cm的样子（经过五六根经线），将新线穿在旧线的前面，然后继续编织。

---

## *有流苏的情况

### 2 横向穿线进行编织

**1**

使用格尺，每隔一根线挑起一根线（挑起从右侧开始数的奇数条经线）。准备一张高度与所需流苏长度相同的纸垫在编织器的下部。将纬线穿到缝针中，立起格尺，由右向左穿过中间的间隙。※经线剩余的比较长时，将格尺立起的空隙会比较大，利于编织，若剩余的比较少，只需将格尺倾斜地做出缝隙即可。

垫的纸要放在所有经线的下面。
※垫的纸一般选取较厚的纸，在剪切为与流苏长度相同的高度后使用。也可以作为编织起点和编织终点的基准线使用。

**2**

将纬线拉到前面，与垫的纸的一侧对齐。将格尺放倒，按照与前一行上下相反的方式，从左向右一根一根地挑过。

**3**

用左手按住左端纬线折返的部位，使用缝针将线向右上方向倾斜地拉后，再与第1条纬线靠拢。

**要点**

在一侧折回纬线时，一定要确认一下整体的宽度有没有变窄，拉线时注意不要用力过大。若纬线拉得过紧，织片的宽度就会变窄。

**4**

将纬线拉紧后，使用手指或叉子来整理针目。这是编了2行之后的样子。

---

**5**

接着使用同样的方法，继续编出所需的长度。针目的间隔在0.5~1cm，可以一边用叉子整理一边编。

**6**

编到差不多的时候，将垫的纸移到编织器的上部，编最后的几行时需将格尺拿掉，并一直织到垫的纸的边缘为止。线头要藏到最后一行与倒数第2行的中间，并与倒数第2行的挑线方法相同。

**7**

穿到织片的大约1/3的位置时，将多余的毛线剪掉。使用同样的方法处理编织起点的线头，并藏在第1行与第2行之间。

### 3 制作流苏

**1**

将经线从编织器的牙口取下1针，在纬线与经线之间用布用黏合剂固定。正面完成后，再翻到反面，使用同样的方法处理。一直重复这个步骤到最后一根线为止。编织起点的经线也使用同样的方法处理。

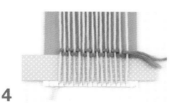

**2**

当所有布用黏合剂干后，再将流苏修剪成为相同的长度。

---

## *没有流苏的情况

**1**

缠绕好经线后，将开始与结束的线头绕到相邻的牙口上，并在那根经线上绕几圈。纬线第1行从边上开始穿线，要无限贴近牙口。第2行编好后，将编织起点的线条与第2行使用相同的方法向左穿。

**2**

第2行线要紧紧地挨着第1行线。紧密地编两三行后，再以和有流苏的情况一样的松紧度进行编织。编织终点的两三行也要紧密地编织，直到紧挨着牙口为止。编织终点的线头与有流苏的情况的处理方法相同。

**3**

从编织器上拿下来之后，要将织片两端的针目（紧密地织的部分），使用叉子等调整为均等的间隔。

**4**

没有流苏的情况编织完成。

**热卖中！**

### 使用硬纸板编织器制作时尚的小物件

这本书可以让大家更轻松地玩转硬纸板编织。使用3种类型的编织器，可以编织出围巾、手提包、帽子等多种小物件。

---

## 制作方法

### A 三折手包

材料　经线 AVRIL RAINBOW SLAB 绿色MIX（01）10g
经线和纬线 AVRIL URAN柠檬黄色（26）20g
AVRIL MEN CURL 芥末绿色（02）10g
按扣2组、手缝线

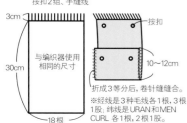

3cm
30cm
18根
与编织器使用相同的尺寸

按扣
10~12cm
折成3等分后，卷针缝缝合。

※经线是3种毛线各1根，3股1股；纬线是URAN和MEN CURL各1根，2根1股。

### B 口袋纸巾包

材料　经线 芭贝 MARMOTTA红色系（304）5g
经线和纬线 芭贝 TRIORA红色系（204）10g

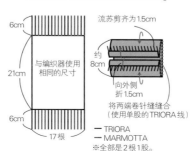

6cm
21cm
6cm
17根
与编织器使用相同的尺寸

流苏剪齐为1.5cm
约8cm
向外侧折1.5cm
将两端卷针缝缝合（使用单股的TRIORA线）

— TRIORA
— MARMOTTA
※全部为2根1股。

### C 荷包

材料　经线 棉缎带（10mm宽）、亚麻方格花纹缎带（15mm宽）、罗缎缎带（16mm宽）各37cm
经线和纬线 和麻纳卡 SONOMONO LUPO 米色（52）25g
荷包绳 绒面革线绳55cm 2根

从袋口算起的三四行的针目中交叉地穿过线绳并打结。

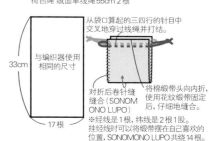

33cm
17根
与编织器使用相同的尺寸

对折后卷针缝缝合（SONOMONO LUPO）
将棉缎带头向内折，使用花纹缎带固定，仔细地缝合。
※经线是1根，纬线1根1股。
挂线时可以将缎带摆在自己喜欢的位置，SONOMONO LUPO 共线14根。

# 可做装饰和玩具！
# 编织玩具手工部

一直考虑着脸上的部件有没有对称，想象着与实际的形状有没有差别，等等，
能够清楚地展现出制作者的心思的，就数编织玩具了。
这次也将向大家介绍很多凝聚了制作者的心思的可爱的作品。

摄影：Yukari Shirai, Noriaki Moriya　设计：Akiko Suzuki　撰文：Sanae Nakata

会员编号……**68**
## 高冠鹦鹉和普通鹦鹉

这里展现出了非常可爱的普通鹦鹉的样子和高冠鹦鹉红色的脸蛋。它们胖胖的身体被分成了两种颜色，全身长5cm左右。

设计 / clair de lune@haru
http : // ameblo.jp / hy–0122 /

一起玩儿吧

羽毛、尾巴的角度也非常真实。记得千万不要将竖起的黄色羽毛剪齐哦。

会员编号……**70**
## 爱意浓浓的小熊

两只熊熊饱含着爱慕之意在交谈着。把眼睛的位置设计得稍往下一些，显示出了它幼小可爱的样子。是可以坐住的类型。

设计 / sa☆ya's工作室
http : // ameblo.jp / redstar–1006 /

扑通扑通扑通……

会员编号……**69**
## 关系亲密的多肉
（圆形和心形）

我非常想要能够让屋子变得温馨起来的多肉植物的装饰，于是就编织了它们。用细铁丝做成的手臂摆出了心的造型，让它们显得更亲密了。

设计 / Sky・heart
http : // ameblo.jp / skyheart2010 /

大爱粉红色

会员编号······ 72

## 时尚的狗狗

使用长毛绒毛线编织而成的小狗。它又圆又黑的眼睛魅力十足。穿着蕾丝编织的礼服，戴着使用具有光泽的线编织而成的帽子，打扮得非常时尚。

设计 / aozora
http: // ameblo.jp / xxx–aozora–xxx /

会员编号······ 71

## 精灵 Purely

自创的角色做成的编织玩具，他们是被称为"Purely"的精灵们。通过不同的发型和服装展现出了她们不同的个性。

设计 / YUKKYON
http: // ameblo.jp / mewmeow–ami /

在她们的背后有和小妖怪一样的翅膀。她们的发型都很有个性。

会员编号······ 73

## 空中的小狗

制作的是小狗轻轻跳起时的样子。为了能让它的后背看起来像伸展开的样子，我下了一些功夫。用绳子吊起来的话，就好像是在飞一样。

设计 / POTEPOTE
http: // tetote-market.jp / creator / narasaki /

会员编号······ 74

## 用编织玩具
## 玩过家家

这是为了3岁的宝宝编织的过家家用的物品。洋葱的根须、茄子把儿等，无论是颜色上还是形状上我都尽可能地接近真实的物品。

设计 / 夏
http: // blog.goo.ne.jp / mainichiteshigoto

三明治套装。面包与菜都是分开的，玩的时候可以自由地组合。

水果凹陷的地方、滚圆的地方都非常逼真，看起来很好吃的样子。都是手掌大小的。

会员编号······ 75

## 彩虹熊

在使用短针钩编的简约的身体上，自由地拼贴上了布块和羊毛。嘴的周围使用了晕染色的羊毛。

设计 / 中川想品店

# 编织的 Q & A

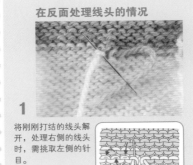

一直都在编织，但是心中一直有些疑问，到底该怎么解决才好呢？
我们就是来回答这些问题的。
这一次，将介绍线的连接方法和线头的处理方法。

摄影：Noriaki Moriya

---

## 在反面处理线头的情况

**1** 将刚刚打结的线头解开，处理右侧的线头时，需挑取左侧的针目。

**2** 处理左侧的线头时，则挑取右侧的针目。

### 小建议
处理线头时，建议从线的中间穿过，使其更加不易散开。

---

## **Q** 怎样处理线头才好？

**A** 将线头穿到织片的背面或边上的针目中。

**钩针** 在边上处理线头的情况

若是正反都会露在外面的作品，可以将线头穿到边上的针目中。

**在反面处理的情况**

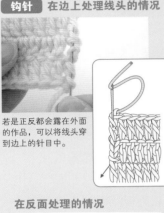

钩编正反有别的作品时，将线头穿到反面，穿三四厘米。
※这里是以编织终点为例进行说明的，编织起点的处理方法与终点相同。

**棒针** 在边上处理线头的情况

使用缝针将线头穿到边上的针目中。

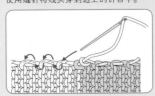

---

## 要点　将线穿入缝针的方法

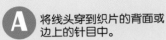

**1** 将线头绕着缝针对折。

**2** 捏紧折痕处，将针抽出。

**3** 将扁扁的折痕处，塞入针眼。

**4** 穿过针眼后，从折痕的另一侧将线头拉出。

---

## **Q**

正在编织的时候，如果线不够长了，我都是接上线后继续编织，但是不管怎么做接头的地方都会非常明显。如果可以的话，请告诉我可以漂亮地接线的方法。

**A** 可以一边编织一边换线。

**钩针** 在边缘接线的情况
＊在织片的正面接线的情况

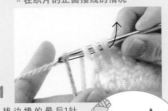

**1** 引拔边缘的最后1针时，将原来的线（A线）由前向后挂到针上，新的线（B线）挂在针上，引拔。

**2** 变成了新线。

＊在织片的反面接线的情况

**1** 引拔边缘的最后1针时，将原来的线由后向前挂到针上，新的线挂在针上，引拔。

---

## 在中间接线的情况

**1** 与在边上接线的方法一样。引拔接线之前的最后1针时，如果是正面接线，将原来的线由前向后挂到针上，新的线挂在针尖上，引拔。

**2** 用新线包卷着线头继续钩编即可。

※在反面接线时，将原来的线由后向前挂到针上，新的线挂在针尖上，引拔。

**棒针** 在边缘接线的情况

从边缘加入新的线进行编织。

### 在中间接线的情况

**1** 留10cm左右的线头，使用新线进行编织。

**2** 将两个线头轻轻地打一个结。（之后再解开、处理线头）

### 小建议
如果线量足够的话，尽量在边缘接线，才会更加隐蔽。

定价：49.00 元

定价：49.00 元

定价：49.00 元

河南科学技术出版社
精品图书推荐

定价：49.00 元

定价：49.00 元

定价：49.00 元

定价：49.00 元

定价：49.00 元

定价：49.00 元

定价：49.00 元

定价：49.00 元

定价：49.00 元

定价：29.80 元

定价：29.80 元

定价：29.80 元

定价：32.80 元

32.80 元

32.80 元

32.80 元

定价：36.00 元

定价：36.00 元

定价：38.00 元

定价：58.00 元

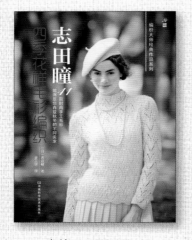

定价：39.80 元

定价：39.80 元

定价：39.80 元

定价：39.80 元

定价：36.00 元

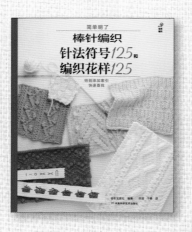

定价：39.80 元

定价：39.80 元

更多精彩图书请登录：
http://www.hnstp.cn

# 编织基础知识和制作方法

钩针

带有这个符号的内容，可到以下网址查看动画说明。
http://www.tezukuritown.com/lesson/knit/basic/kagibari/index.html

## 钩针的拿法、挂线的方法

右手
（钩针的拿法）

3~4厘米

使用大拇指和食指轻轻地拿着
钩针，并放上中指

左手
（挂线的方法）

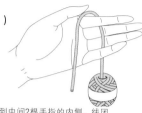

**1** 将线穿到中间2根手指的内侧，线团
留在外侧

**2** 若线很细或者很滑的时候，可以在小
拇指上绕一圈

拉紧
备用

**3** 食指向上抬，可将线拉紧

## 符号图的看法

### 往返编织

所有针目的种类均使用符号进行标示（请参见编织符号）。将这些编织符号组合在一起的叫作符号图，是在编织织片（花样）时需要用到的。

符号图都是标示的从正面看到的样子。但实际编织的时候，有时会从正面编织，有时也会将织片翻转后从反面编织。

看符号图的时候，我们可以通过看立织的锁针在哪一边来判断是从正面编织还是从反面编织。立织的锁针在一行的右侧时，这一行就是从正面编织的；当立织的锁针在一行的左侧时，这一行就是从反面编织的。

看符号图时，从正面编织的行是从右向左看的；与之相反，从反面编织的行是从左向右看的。

### 从中心开始环形编织(花片等)

在手指上绕线，环形起针，像是从花片的中心开始画圈一样，逐渐向外编织。

基本的方法是，从立织的锁针开始，向左一针一针地编织。

第4行➡
第3行➡
第2行➡ 从反面编织
起针➡ 从正面编织

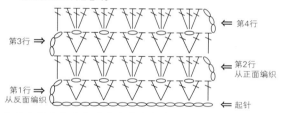

第3行➡
第1行➡ 从反面编织
⬅第4行
⬅第2行 从正面编织
⬅起针

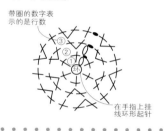

带圈的数字表示的是行数

在手指上挂线环形起针

## 锁针起针的挑针方法

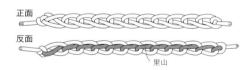

正面

反面

里山

锁针的反面有一个一个像结一样的凸起。我们将这些凸起叫作"里山"

### 挑取锁针的里山

由于锁针正面的针目保持不动，所以挑取之后依旧平整。适合不进行边缘编织的情况

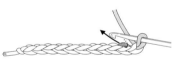

### 挑取锁针的半针和里山

这样挑取方便，比较稳固。适合编织镂空花样等，需要跳过若干针进行挑针，或是使用细线编织的情况

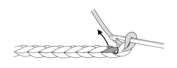

## 在手指上挂线环形起针

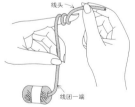

线头
线团一端

**1** 将线头在左手的食指上绕
2圈

用大拇指和中指按住

**2** 按照交叉点将环取下，注意不要破坏环环的形状

**3** 换做左手拿环，将钩针插入环的中间，挂线后，从环的中间拉出

**4** 再次挂线，引拔

## 锁针的环形起针

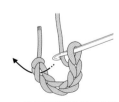

**1** 钩编所需要的数目的锁针，将钩针插入第1针锁针的半针和里山处

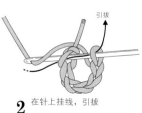

引拔

**2** 在针上挂线，引拔

**5** 环上有了针目。但这一针不计入针数中

### 将中心收紧

**6** 拉动线头，环中的一根线（●）会动

**7** 拉着会动的这一根线，将另一根线（★）收紧

**8** 再次拉动线头，离线头近的线（●）也会收紧

**3** 锁针连成了环形

引拔的针目

带有这个符号的内容，可到以下网址查看动画说明。
http://www.tezukuritown.com/lesson/knit/code/kagibari.html

##  锁针
○

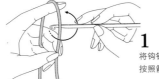

**1** 将钩针放在线的后面，按照箭头的方向绕1圈

**2** 按照箭头的方向转动钩针，挂线

用大拇指和中指按住

**3** 将线拉出

**4** 拉着线头，将环收紧。这是边上的1针，不计入针数中

拉紧

**5** 按照箭头的方向转动钩针，挂线

**6** 将线拉出

**7** 1针锁针钩编完成

1针锁针

---

##  短针
十（×）

**1** 如箭头所示，插入钩针

**2** 在针上挂线，按照箭头的方向拉出

**3** 此时的状态叫作"未完成的短针"。再次在针上挂线，从2个线圈中引拔出

**4** 1针短针钩编完成

###  引拔针
●

插入钩针，在针上挂线，引拔出

---

##  中长针
丁

**1** 在针上挂线，按照箭头的方向插入钩针

**2** 在针上挂线，按照箭头的方向拉出

**3** 此时的状态叫作"未完成的中长针"。再次在针上挂线

**4** 将线从3个线圈中一次性地引拔出

**5** 1针中长针钩编完成

### 短针的条纹针
（环形编织）
十

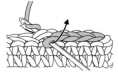

挑取前1行针目上面的后侧半针，钩编短针。都是看着正面进行钩编的

※往返编织时，从反面钩编的行，要挑取前侧半针

---

##  长针
下

**1** 在针上挂线，按照箭头的方向插入钩针

**2** 在针上挂线，按照箭头的方向拉出

**3** 在针上挂线，从针上的2个线圈中拉出

**4** 此时的状态叫作"未完成的长针"。在针上挂线，从剩下的2个线圈中引拔出

**5** 1针长针钩编完成

### 短针的棱针
十

每一次均挑取前1行针目上面的后侧半针，钩编短针。每一行钩编的方向都有改变

---

##  长长针
下

**1** 将线在针上绕2圈，按照箭头方向插入钩针

**2** 在针上挂线，拉出，再次在针上挂线，从针上的2个线圈中拉出

**3** 再次在针上挂线，从针上的2个线圈中拉出

**4** 再次挂线，从剩下的2个线圈中引拔出

###  三卷长针
下

**1** 在针上绕3圈线，编织未完成的长针，在针上挂线，每次均从2个线圈中拉出

**2** 再次挂线，从剩下的2个线圈中引拔出

---

## 短针1针放2针
∨

**1** 挑取前1行针目的上面，钩编1针短针

**2** 将钩针插入同一针目中，钩编1针短针

## 2针短针并1针
⋀

**1** 在针上挂线，拉出，将钩针插入下1针目中，同样挂线拉出

**2** 再次在针上挂线，从针上的3个线圈中引拔出

**3** 2针短针并1针钩编完成

※中长针、长针等，虽然钩编方法不同，但基本要领都相同。都是钩编了指定数目的未完成的针目后一次性地引拔而成的

## 短针的圈圈针

1 左手的中指从线的上面向后侧压，挑取前1行的针目

2 左手的中指保持按住线的状态（按住的线的长度即为圆环的长度），在针上挂线

3 将挂上的线拉出

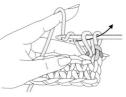

4 在针上挂线，从针上的2个线圈中引拔出（钩编短针）

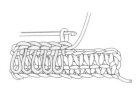

5 将中指拿开后，圈圈出现在反面（这是从反面看的样子）

---

## 反短针

1 立织1针锁针，按照箭头的方向，将钩针绕1圈后，挑起前1行边上的针目的上面

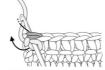

2 如图所示，从线的上方挂线，直接按照箭头的方向拉出

3 在针尖上挂线，从针上的2个线圈中引拔出（短针）

4 反短针钩编完成

---

## 3针长针的枣形针（整段挑起）

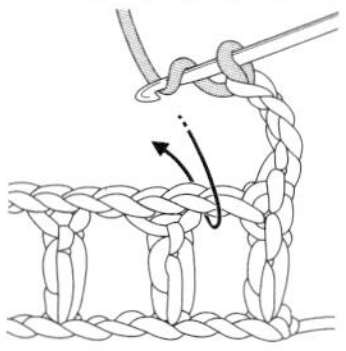

1 在针上挂线后，将钩针插入前1行锁针下面的空隙（整段挑起）

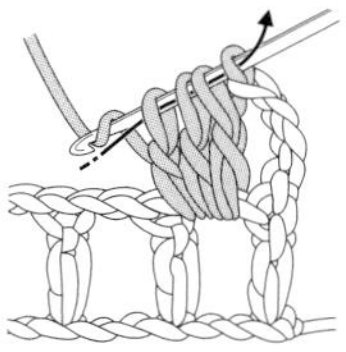

2 钩编3针未完成的长针，在针上挂线，从针上的4个线圈中一次性地引拔出

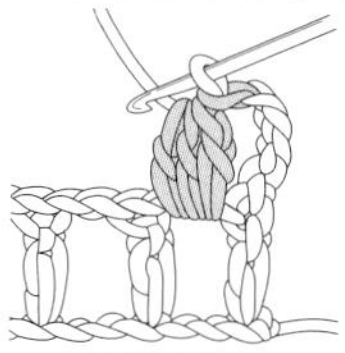

3 3针长针的枣形针钩编完成

## 变化的3针中长针的枣形针（织在针目上）

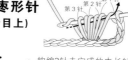

1 钩编3针未完成的中长针，从针上的6个线圈中拉出（留下最右边的线圈）

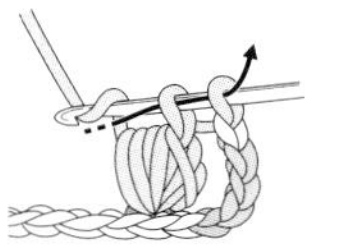

2 再次在针上挂线，从针上剩下的2个线圈中引拔出

3 变化的3针中长针的枣形针钩编完成

※中长针、长针等，虽然钩编方法不同、针数不同，但基本要领都相同。都是钩编了指定数目的未完成的针目后一次性地引拔而成的。
符号图中，底部连在一起的，是在前1行的同一针目上插入钩针的；底部分开的，是将前1行锁针或针目整段挑起钩编的。

---

## 5针长针的爆米花针（织在针目上）

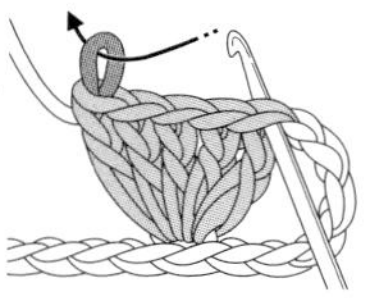

1 钩编5针长针。暂将钩针拿开，按照图示，从正面插入第1针长针中

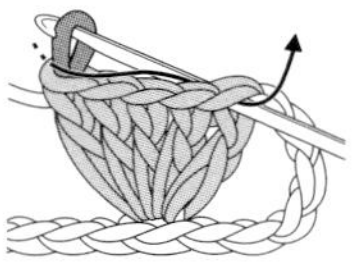

2 将刚才松开的针目从第1针中拉出

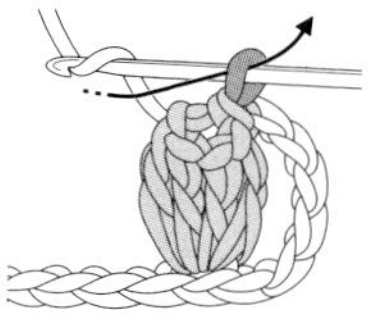

3 为了不让刚刚拉出的针目过于松散，钩编1针锁针，将其收紧

## 长针的反拉针

1 在针上挂线，参照图示，从后面入针，挑取针目下面的部分

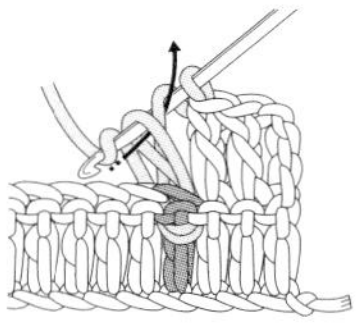

2 在针上挂线，拉出较长的一段，在针上挂线，从钩针上的2个线圈中拉出

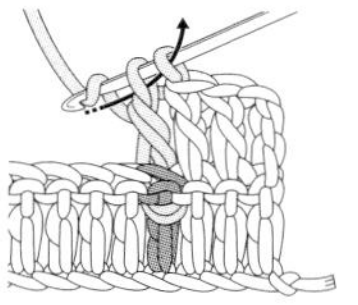

3 再次在针上挂线，从剩下的2个线圈中引拔出（钩编长针）

---

## 长针的正拉针

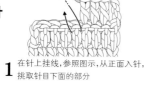

1 在针上挂线，参照图示，从正面入针，挑取针目下面的部分

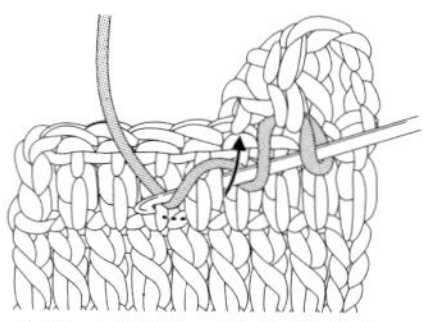

2 在针上挂线，拉出较长的一段

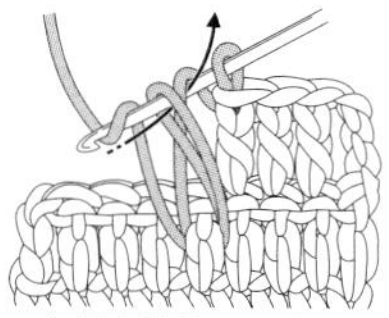

3 在针上挂线，从钩针上的2个线圈中拉出

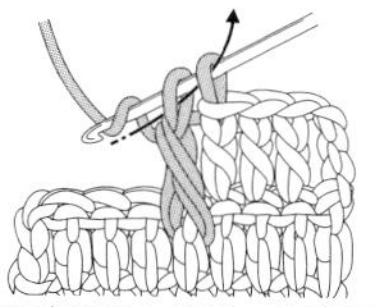

4 再次在针上挂线，从剩下的2个线圈中引拔出（钩编长针）

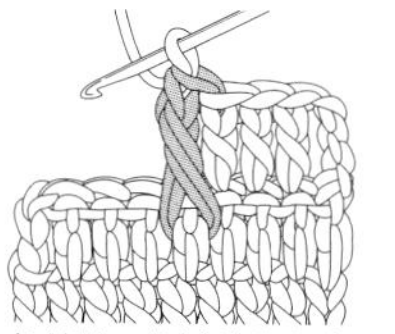

5 长针的正拉针钩编完成

---

## 长针1针交叉（中间1针锁针）

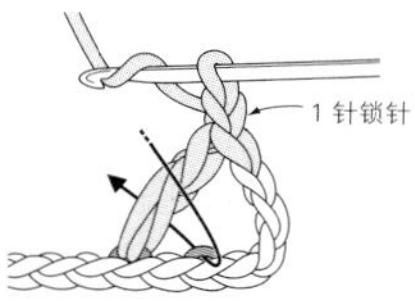

1 钩编长针和锁针，在针上挂线，将钩针插入前1行钩编目前面第2针的针目中，挂线拉出

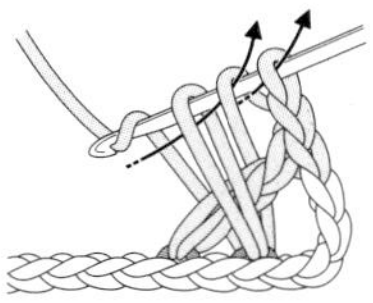

2 包裹着前面的长针，钩编长针

3 中间加入了1针锁针的长针1针交叉钩编完成

## 3针锁针的引拔狗牙针（钩编在长针上）

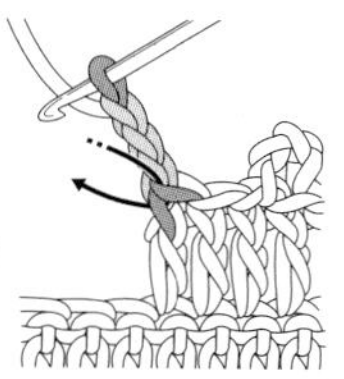

1 钩编3针锁针，按照箭头的方向，将钩针插入长针的上面1根和下面1根线处

2 在针上挂线，按照箭头的方向一次性引拔拉出

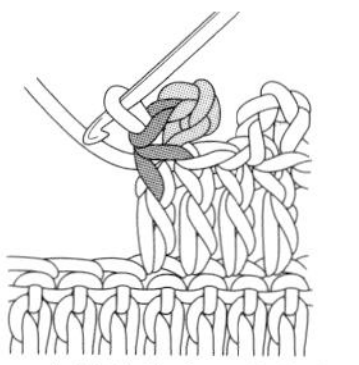

3 在长针的上面钩编完成了3针锁针的引拔狗牙针

**棒针**

带有这个符号的内容，可以到以下网址查看动画说明。
http://www.tezukuritown.com/lesson/knit/code/index.html

## 棒针的拿法

**法式**

是将线挂在左手食指上的编织方法，10根手指毫无浪费，全部都合理地做着动作，可以加快编织速度。建议初学者使用这种方法。

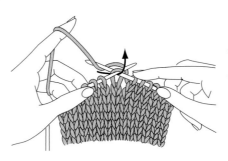

法式棒针的拿法，是使用大拇指和中指拿棒针，无名指、小拇指自然地放在后面。右手的食指也放在棒针上，可以调整棒针的方向和按住边上的针目以防止脱针。用整个手掌拿着织片。

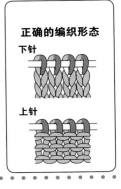

正确的编织形态

下针

上针

## 手指挂线起针

这种起针方法简单，并且除了编织所需的棒针与线之外不需要任何的工具。使用这种方法起针，边具有伸缩性、薄，而且不会卷边。挂在棒针上的针目就是第1行了。

1 从线头开始计算，在所需编织的宽度的3倍长度的地方绕1个圈，将线从圈中拉出

2 穿入2根棒针，拉两条线，使环收缩

拉两条线，使环收缩

3 第1针完成。将线头的一侧挂在大拇指上，线团的一侧挂在食指上

挂在食指上  挂在大拇指上

4 按照指尖上1、2、3的顺序，转动棒针进行挂线

5 放开挂在大拇指上的线

6 按照箭头的方向放入大拇指，将针目收紧

7 第2针完成。重复步骤4~6

8 起针完成。这就是第1行。抽出1根棒针后再编织第2行。

## 棒针的基本编织方法

**下针** |  |

**上针** —

**挂线** ○

**扭针** ⊘

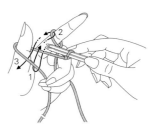

1 右棒针按照箭头的方向，从后向前入针，将针目扭了一下

2 在右棒针上挂线，编织下针。线下方的根部已经扭好

**上针的扭针** ⊘

1 线留在前面，按照箭头的方向，将右棒针由后向前插，将针目扭一下

2 在右棒针上挂线，编织上针。线下方的根部已经扭好

3 上针的扭针编织完成

**左上2针并1针** ⟋

1 按照箭头的方向右棒针一次性插入2针针目中

2 在针上挂线，拉出，2针一起编织下针

**右上2针并1针** ⟍

1 右棒针从前向后插入右边的针目中，不编织，直接移至右棒针上

不编织，直接移至右棒针上

2 左边的针目编织下针

3 左棒针挑起刚刚移至右棒针上的针目盖住步骤2编织的针目

盖住

4 盖住后，退左棒针，将针目松开

5 右上2针并1针编织完成

68

※交叉编织参见27、28页

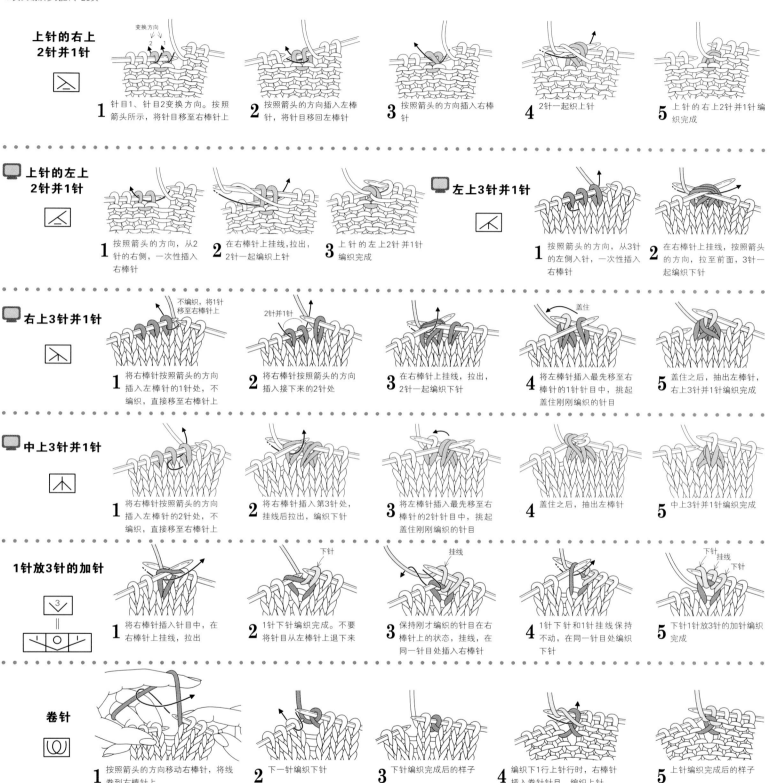

**上针的右上2针并1针**

1 针目1、针目2变换方向。按照箭头所示，将针目移至右棒针上

2 按照箭头的方向插入左棒针，将针目移回左棒针

3 按照箭头的方向插入右棒针

4 2针一起编织上针

5 上针的右上2针并1针编织完成

**上针的左上2针并1针**

1 按照箭头的方向，从2针的右侧，一次性插入右棒针

2 在右棒针上挂线，拉出，2针一起编织上针

3 上针的左上2针并1针编织完成

**左上3针并1针**

1 按照箭头的方向，从3针的左侧入针，一次性插入右棒针

2 在右棒针上挂线，按照箭头的方向，拉至前面，3针一起编织下针

**右上3针并1针**

1 将右棒针按照箭头的方向插入左棒针的1针处，不编织，直接移至右棒针上

2 将右棒针按照箭头的方向插入接下来的2针处

3 在右棒针上挂线，拉出，2针一起编织下针

4 将左棒针插入最先移至右棒针的1针针目中，挑起盖住刚刚编织的针目

5 盖住之后，抽出左棒针，右上3针并1针编织完成

**中上3针并1针**

1 将右棒针按照箭头的方向插入左棒针的2针处，不编织，直接移至右棒针上

2 将右棒针插入第3针处，挂线后拉出，编织下针

3 将左棒针插入最先移至右棒针的2针针目中，挑起盖住刚刚编织的针目

4 盖住之后，抽出左棒针

5 中上3针并1针编织完成

**1针放3针的加针**

1 将右棒针插入针目中，在右棒针上挂线，拉出

2 1针下针编织完成。不要将针目从左棒针上退下来

3 保持刚才编织的针目在右棒针上的状态，挂线，在同一针目处插入右棒针

4 1针下针和1针挂线保持不动，在同一针目处编织下针

5 下针1针放3针的加针编织完成

**卷针**

1 按照箭头的方向移动右棒针，将线卷到右棒针上

2 下一针编织下针

3 下针编织完成后的样子

4 编织下1行上针行时，右棒针插入卷针针目，编织上针

5 上针编织完成后的样子

**滑针**

1 将线放在后面，按照箭头的方向，针从后侧插入，不编织，将针目直接移至右棒针上

2 将右棒针按照箭头的方向插入，编织下针

3 滑针编织完成

4 下1行（从反面编织的行），滑针处编织上针

**伏针收针**

编织2针，使用左棒针挑取前1针盖住后1针。重复"编织前1针，盖住后1针"

69

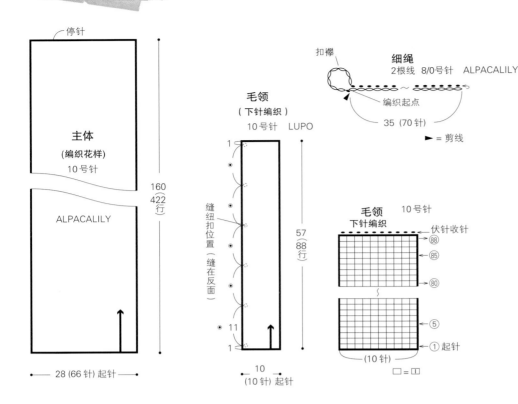

## P4
## 带毛领的围脖

**材料与工具**
和麻纳卡 SONOMONO ALPACALILY 米色（112）230g，LUPO
深棕色（4）30g
直径 1.8cm 的纽扣 6 颗
棒针 10 号，钩针 8/0 号

**成品尺寸**
宽 28cm，长 160cm

**密度**
10cm×10cm 面积内：编织花样 23.5 针，26.5 行
10cm×10cm 面积内：下针编织 10 针，15.5 行

**编织要点**
●主体另线锁针起针 66 针，编织 422 行编织花样。解开另线锁针的针目，用针挑取解开的针目，与编织终点的针目正面相对，使用引拔针钉缝缝合。
●毛领：手指挂线起针 10 针，编织 88 行下针编织，伏针收针。
●在毛领上缝上纽扣。
●钩编 2 根细绳。
●将纽扣扣到主体花样的洞中，将毛领与主体连在一起。毛领单独使用时，在两端的纽扣上系上细绳。

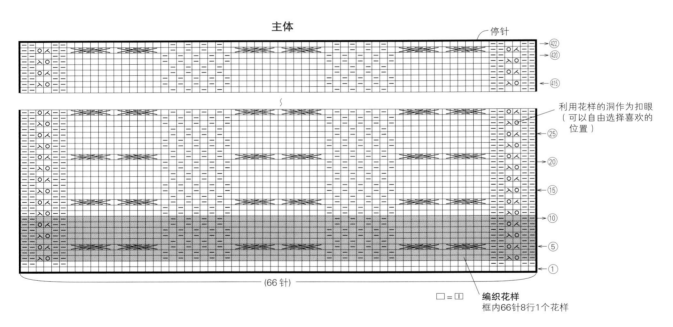

**主体**

利用花样的洞作为扣眼（可以自由选择喜欢的位置）

**编织花样**
框内66针8行1个花样

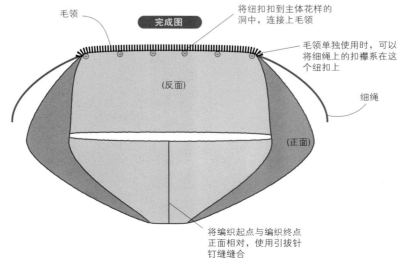

**完成图**

将纽扣扣到主体花样的洞中，连接上毛领

毛领单独使用时，可以将细绳上的扣襻系在这个纽扣上

细绳

（反面）

（正面）

将编织起点与编织终点正面相对，使用引拔针钉缝缝合

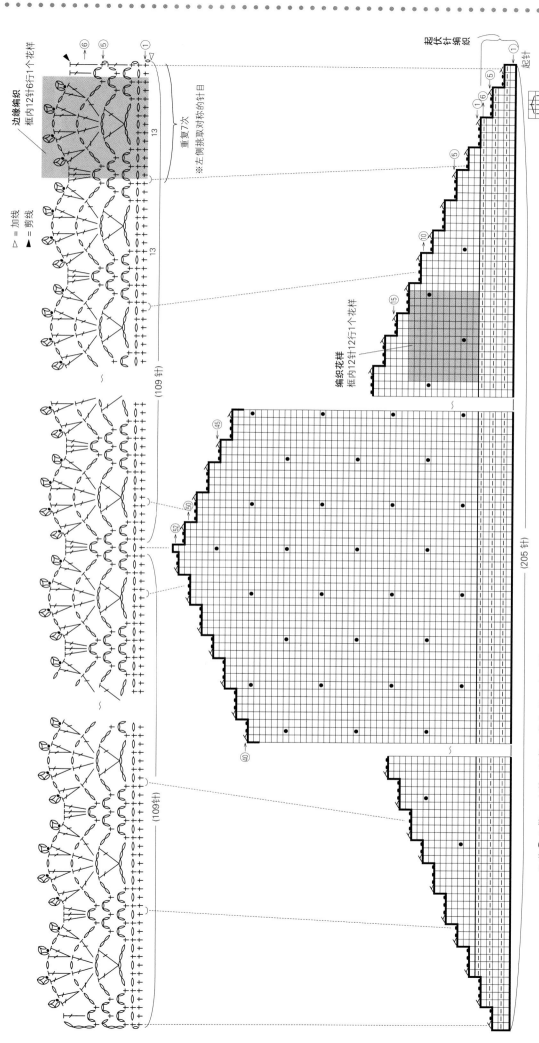

**P5**
**三角形蕾丝花边披肩**

**材料与工具**
奥林巴斯 MAKE MAKE FLAVOR 浅米黄色（305）80g
棒针 8 号，钩针 6/0 号

**成品尺寸**
宽 120cm，长 30.5cm

**密度**
10cm×10cm 面积内：编织花样 17 针，24 行

**编织要点**
●手指挂线起针 205 针，参照图示，一边减针一边编织
6 行起伏针编织、52 行编织花样。最后将线剪断，藏到
针目中，并收紧。
●参照图示挑取针目，钩编 6 行边缘编织。

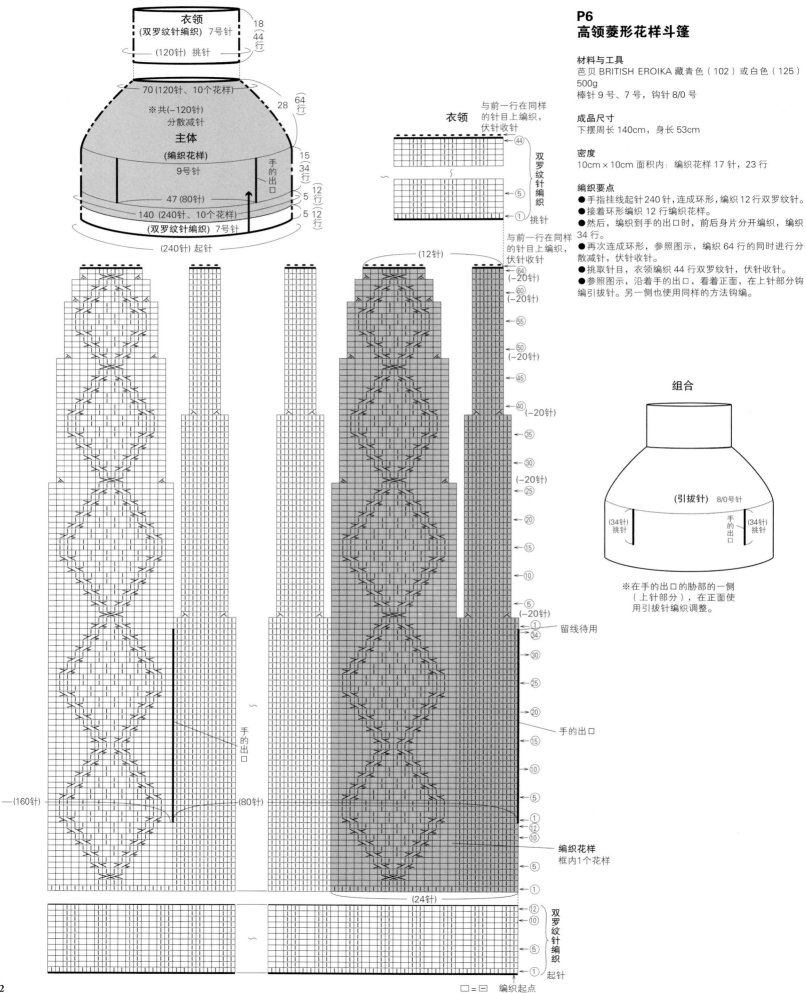

**P6**
**高领菱形花样斗篷**

**材料与工具**
芭贝 BRITISH EROIKA 藏青色（102）或白色（125）
500g
棒针 9 号、7 号，钩针 8/0 号

**成品尺寸**
下摆周长 140cm，身长 53cm

**密度**
10cm×10cm 面积内：编织花样 17 针，23 行

**编织要点**
●手指挂线起针 240 针，连成环形，编织 12 行双罗纹针。
●接着环形编织 12 行编织花样。
●然后，编织到手的出口时，前后身片分开编织，编织 34 行。
●再次连成环形，参照图示，编织 64 行的同时进行分散减针，伏针收针。
●挑取针目，衣领编织 44 行双罗纹针，伏针收针。
●参照图示，沿着手的出口，看着正面，在上针部分钩编引拔针。另一侧也使用同样的方法钩编。

**P7**
## 方领两穿披肩

**材料与工具**
SKIYARN　BLUNO 胭脂红色（510）75g，PEGGY 朱红色系段染（104）110g
钩针 10/0 号

**成品尺寸**
下摆周长 268cm，衣长 37cm

**编织要点**
●起 64 针锁针，连成环形，按照图示，在转角的地方加针，一边加针，一边往返钩编 23 行编织条纹花样。（第 1 行挑取起针锁针的半针和里山。）
●在领口周围钩编 1 行边缘编织。

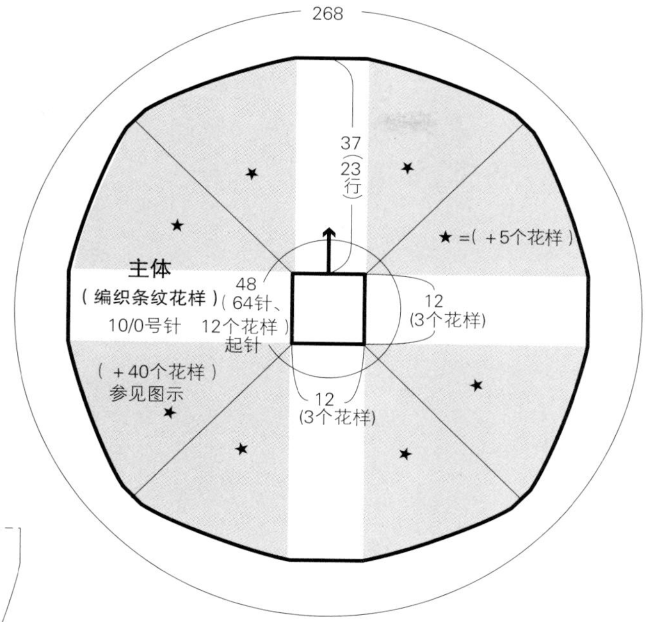
268
37
(23行)
★
★=（+5个花样）
主体
（编织条纹花样）
10/0号针
48
（64针、
12个花样）
起针
12
(3个花样)
（+40个花样）
参见图示
12
(3个花样)

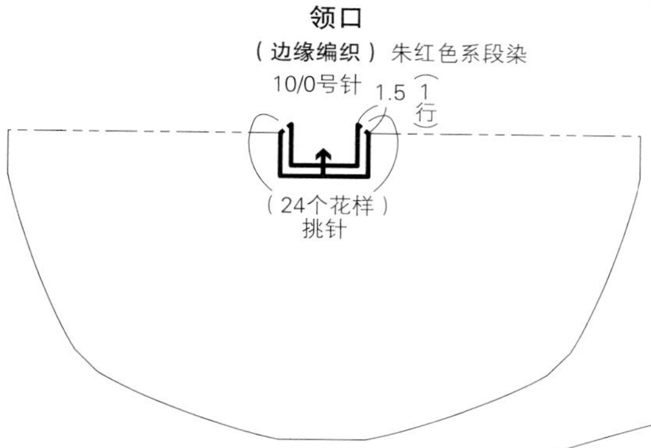
领口
（边缘编织）朱红色系段染
10/0号针
1.5
(1行)
（24个花样）
挑针

编织条纹花样的配色

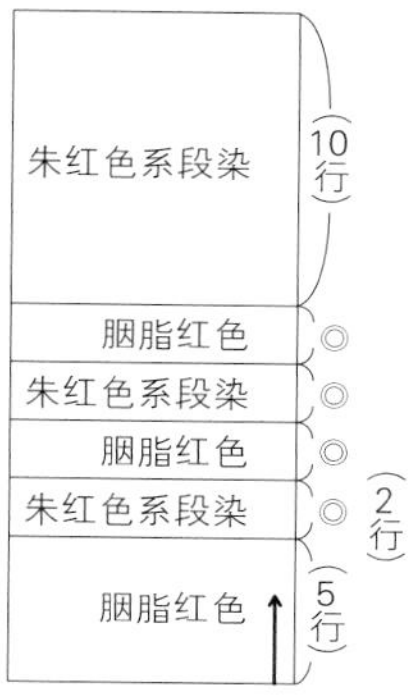
朱红色系段染
(10行)
胭脂红色
朱红色系段染
胭脂红色
朱红色系段染
(2行)
胭脂红色
(5行)

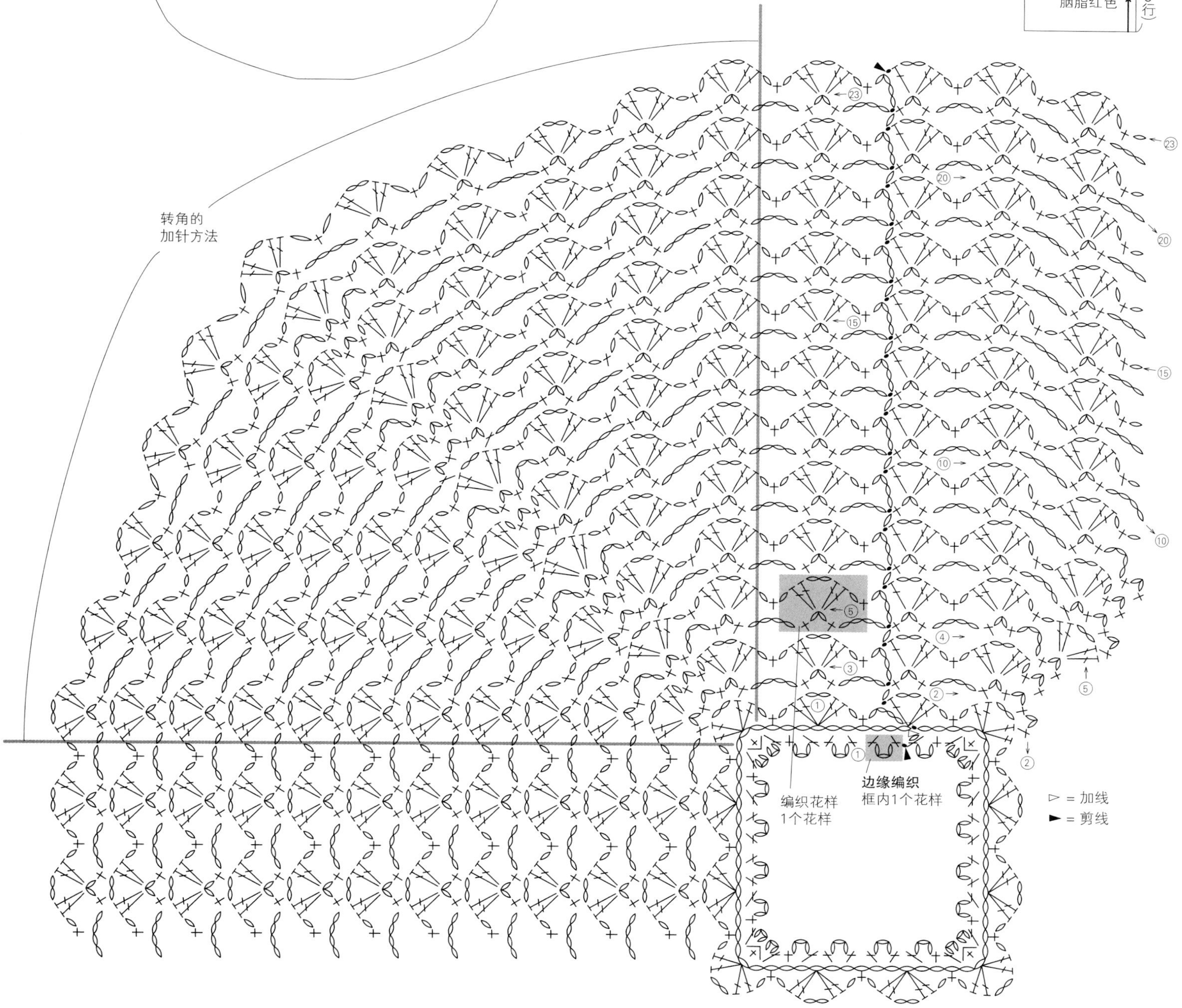
转角的
加针方法
23
20
15
10
5
4
3
2
1
边缘编织
框内1个花样
编织花样
1个花样
▷ = 加线
▶ = 剪线

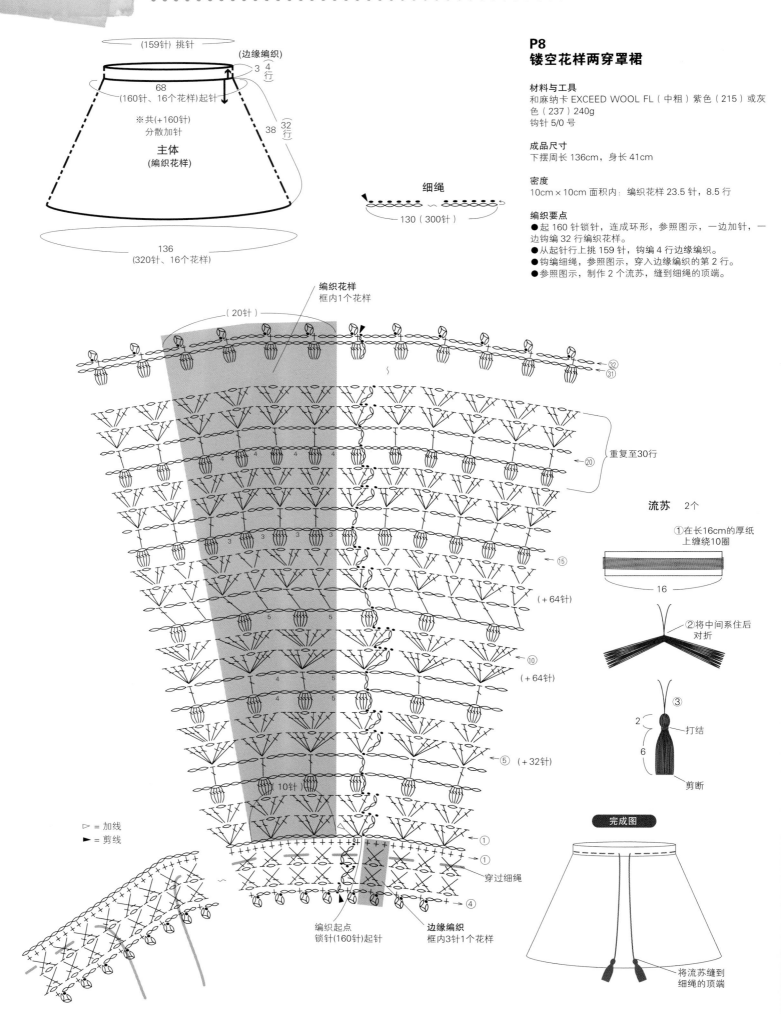

（159针）挑针

（边缘编织）
3 ┃ 4
行

68
（160针、16个花样）起针

※共（+160针）
分散加针

**主体**
（编织花样）

38 ┃ 32
行

136
（320针、16个花样）

**细绳**

130（300针）

**P8**
**镂空花样两穿罩裙**

**材料与工具**
和麻纳卡 EXCEED WOOL FL（中粗）紫色（215）或灰色（237）240g
钩针 5/0 号

**成品尺寸**
下摆周长 136cm，身长 41cm

**密度**
10cm×10cm 面积内：编织花样 23.5 针，8.5 行

**编织要点**
●起 160 针锁针，连成环形，参照图示，一边加针，一边钩编 32 行编织花样。
●从起针行上挑 159 针，钩编 4 行边缘编织。
●钩编细绳，参照图示，穿入边缘编织的第 2 行。
●参照图示，制作 2 个流苏，缝到细绳的顶端。

编织花样
框内1个花样

（20针）

重复至30行

32
31

20

15

（+64针）

10

（+64针）

5 （+32针）

（10针）

1

1
穿过细绳

4

编织起点
锁针（160针）起针

**边缘编织**
框内3针1个花样

▷ = 加线
► = 剪线

**流苏**　2个

①在长16cm的厚纸上缠绕10圈

16

②将中间系住后对折

③
打结

2

6

剪断

**完成图**

将流苏缝到细绳的顶端

## P9
## 长款变短款的多变开衫

**材料与工具**
SKIYARN BLUNO 芥末黄色（502）410g
棒针 9 号

**成品尺寸**
衣长约 90cm（上下倒置后约 75cm）

**密度**
10cm×10cm 面积内：编织花样 14 针，20 行

**编织要点**
●身片手指挂线起针 91 针，编织 200 行编织花样 A，伏针收针。
●下摆手指挂线起针 40 针，编织 248 行编织花样 B，伏针收针。
●袖下的 28 针（△、▲部分），分别引拔针钉缝。
●对齐☆部分，挑针接缝。分别对齐◎、○部分，也采用同样的方法接缝缝合。

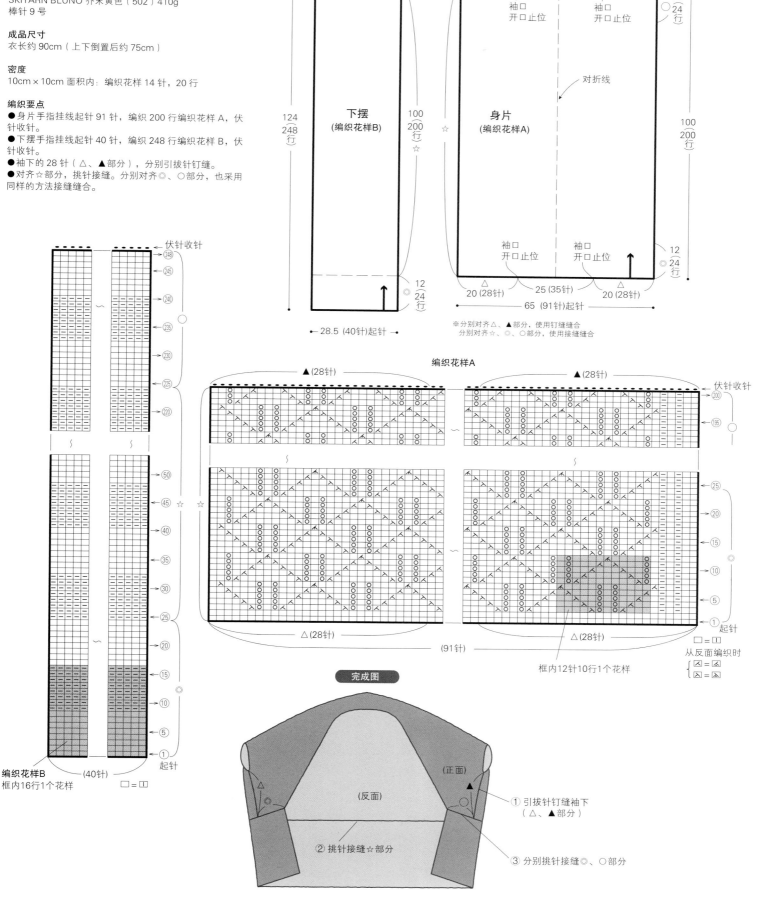

下摆
(编织花样B)

身片
(编织花样A)

对折线

编织花样A

编织花样B
框内16行1个花样

□ = □

框内12针10行1个花样

从反面编织时

完成图

①引拔针钉缝袖下
（△、▲部分）

②挑针接缝☆部分

③分别挑针接缝◎、○部分

※分别对齐△、▲部分，使用钉缝缝合
分别对齐☆、◎、○部分，使用接缝缝合

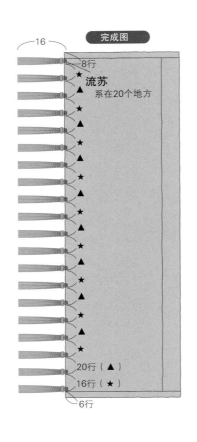

**完成图**

## P11
## 带流苏的披肩

**材料与工具**
和麻纳卡 ALPACA MOHAIR FINE 浅灰色（4）140g
棒针6号

**成品尺寸**
宽38cm（不包含流苏），长118cm

**密度**
10cm×10cm 面积内：编织花样25针，30行

**编织要点**
● 手指挂线起针95针，编织6行起伏针编织。
● 接着，参照图示编织342行编织花样A、编织花样B。
● 编织6行起伏针编织，伏针收针。
● 利用编织花样B左端挂线的孔，在20个地方系上流苏。

**流苏的系法**
将10根45cm的
线对折，系在主
体上

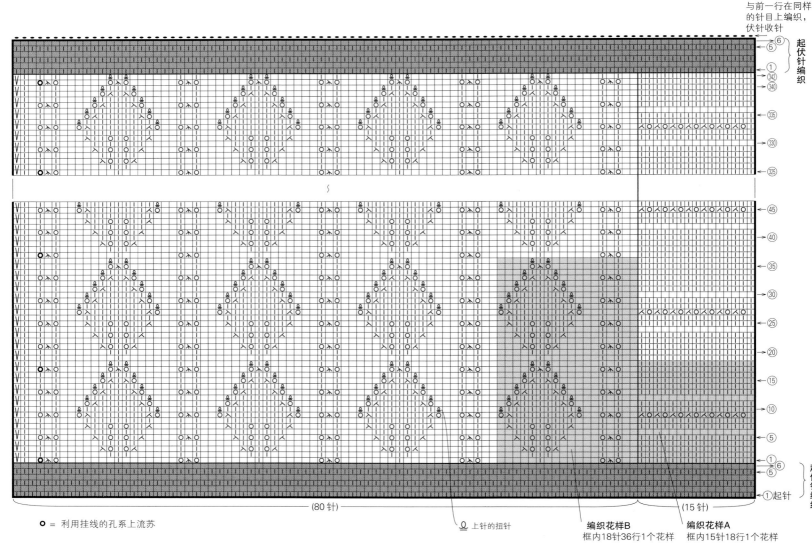

o = 利用挂线的孔系上流苏　　　　　　　　　　　上针的扭针　　　编织花样B　　　　　编织花样A
　　　　　　　　　　　　　　　　　　　　　　　　　　　　　　　框内18针36行1个花样　　框内15针18行1个花样

□ = □

## P10
## 花朵花样的围脖

**材料与工具**
和麻纳卡 ALPACA MOHAIR FINE 土耳其玉色（7）
或粉色（11）115g
钩针 4/0 号

**成品尺寸**
宽 18cm，长 130cm

**编织要点**
●参照图示钩编编织花样。编织花样中的枣形针时，先钩编 1 针锁针，再将挂在针上的线圈拉长并立起。钩编最后 1 行第 148 行时，一边看着织片的反面，一边参照图示，与编织起点的行钩编连接在一起。
●接着钩编边缘编织。钩编边缘编织的枣形针时，钩编完短针后，将挂在针上的线圈拉长并立起。在另一面加线，使用同样的方法钩编边缘编织。

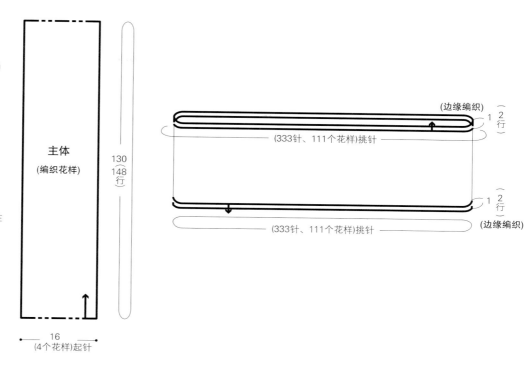

主体
（编织花样）

130
148行

16
（4个花样）起针

（边缘编织）
（333针、111个花样）挑针
1 2行

（333针、111个花样）挑针
（边缘编织）
1 2行

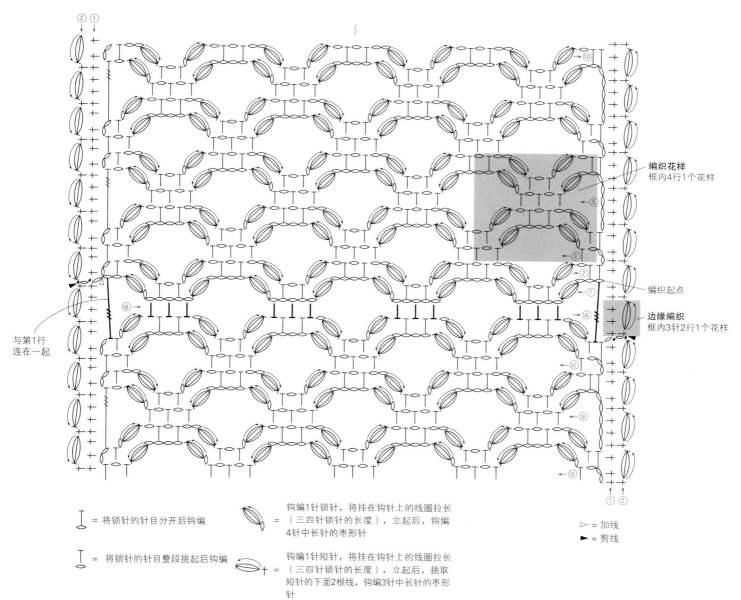

编织花样
框内4行1个花样

编织起点

边缘编织
框内3针2行1个花样

与第1行连在一起

$\mathbf{I}$ = 将锁针的针目分开后钩编

$\mathbf{I}$ = 将锁针的针目整段挑起后钩编

= 钩编1针锁针，将挂在钩针上的线圈拉长（三四针锁针的长度），立起后，钩编4针中长针的枣形针

= 钩编1针短针，将挂在钩针上的线圈拉长（三四针锁针的长度），立起后，挑取短针的下面2根线，钩编3针中长针的枣形针

▷ = 加线
► = 剪线

## P14
## 费尔岛风手套

**材料与工具**
和麻纳卡 PERCENT 米灰色（100）15g，米色（98）、白色（1）各10g，浅棕红色（115）、红色（74）、抹茶色（13）、黄绿色（14）各5g
棒针5号

**成品尺寸**
手掌处周长18cm，长19.5cm

**密度**
10cm×10cm 面积内：织入花样 26.3 针，31.5 行

**编织要点**
●手指挂线起针48针，环形编织。
●编织6行双罗纹针，然后编织织入花样。在第37行大拇指的部分，织入另线备用。
●指尖一侧编织6行双罗纹针，编织终点伏针收针。
●解开大拇指部分的另线，将针插入上下的针目处，侧面也要挑取针目，共挑16针，编织6行双罗纹针，编织终点伏针收针。
●使用同样的方法，改变大拇指的位置，编织另一只。

主体 2片
（双罗纹针编织）
米灰色
=3（7针）
（1针）（16针）
（17针）
右手大拇指位置
左手大拇指位置
（织入花样）
36行
米灰色
（双罗纹针编织）
2 6行
15.5
49行
2 6行
18（48针）起针

**大拇指**
（双罗纹针编织）
米灰色
2 6行
（16针）挑针

**主体**

右手大拇指位置　左手大拇指位置
与前一行在同样的针目上编织，伏针收针
双罗纹针编织
织入花样
双罗纹针编织

48　45　40　35　30　25　20　15　10　5　1
起针

**大拇指的挑针方法**

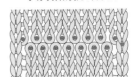

● =穿针的位置

□ = ⊥ 下针

**配色**
▨ =米灰色
◯ =米色
▨ =红色
□ =白色
◇ =浅棕红色
⊠ =抹茶色
▦ =黄绿色

---

## P15
## 渐变色手套

**材料与工具**
HOBBYRA HOBBYRE ROVING KISS 橙色系段染（35）40g
棒针7号

**成品尺寸**
手掌处周长18cm，长19.5cm

**密度**
10cm×10cm 面积内：下针编织 22针，31.5 行

**编织要点**
●手指挂线起针40针，环形编织。
●使用与费尔岛风手套相同的方法编织，编织双罗纹针和下针编织。

双罗纹针编织
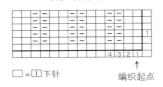
□ =⊥ 下针
编织起点
4 3 2 1

主体 2片
（双罗纹针编织）
=3（7针）
（1针）（12针）
（13针）
右手大拇指位置
左手大拇指位置
（下针编织）
36行
（双罗纹针编织）
2 6行
15.5
49行
2 6行
18（40针）起针

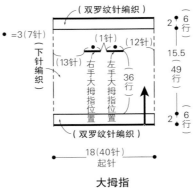

**大拇指**
（双罗纹针编织）
2 6行
（16针）挑针

**流苏的制作方法**

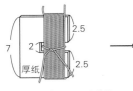

2.5
2
7
厚纸
2.5

3.5
1 打结
修剪

将线在7cm长的厚纸上缠绕15圈，用线在中间的位置处系紧，将线从厚纸上取下

在系紧的位置处对折，在距对折点1cm处打结。将线端修剪整齐

## P15
### 麻花针花样手套

**材料与工具**

和麻纳卡 FAIRLADY50 灰色（48）85g
钩针 5/0 号、6/0 号

**成品尺寸**

手掌处周长 18cm，长 20cm

**密度**

10cm×10cm 面积内：短针 26 针，27 行

**编织要点**

●使用 6/0 号针起 46 针锁针，钩编 4 行边缘编织。
●主体钩编编织花样。
●在第 29 行的中间钩编 10 针锁针，留出大拇指的洞。
接着一直钩编至第 40 行，换成 5/0 号针，钩编第 41 行
和边缘编织。
●使用同样的方法，改变大拇指的位置，钩编另一只。

**主体** 2片

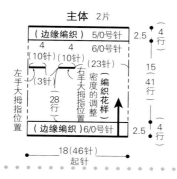

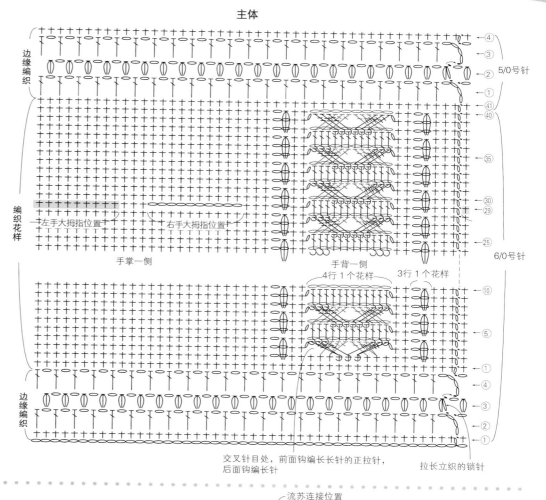

交叉针目处，前面钩编长长针的正拉针，
后面钩编长长针

拉长立织的锁针

---

## P16
### 带流苏的暖袖

**材料与工具**

可乐 CHAMPAGNE TWEED 橙色系段染（61-283）70g
棒针 6 号，钩针 7/0 号

**成品尺寸**

手腕处周长 20cm，长 34cm

**密度**

10cm×10cm 面积内：编织花样 20 针，8.5 行

**编织要点**

●锁针起针 40 针，连接成环形。
●参照图示，往返钩编编织花样，钩编 26 行，最后一行
依针法图钩编使整体平整。
●使用棒针分别从编织起点和编织终点挑取 40 针，编织 4
行单罗纹针。编织终点与前一行在同样的针目上编织，伏
针收针。再使用同样的方法编织另一只。
●制作流苏，连接到编织花样的编织终点一侧。

**流苏** 2个

**单罗纹针编织**

□ = □

※第1行挑针时，挑取前一行（锁针、
短针）的针目后侧半针

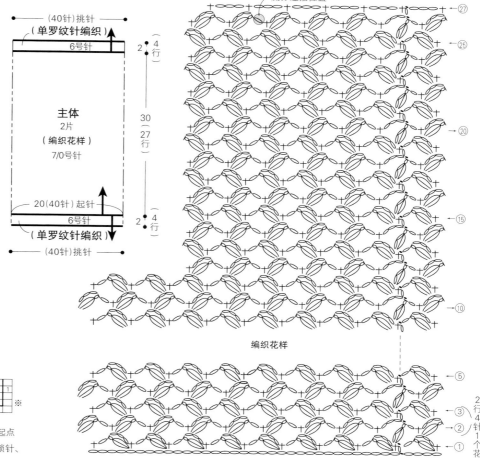

编织花样

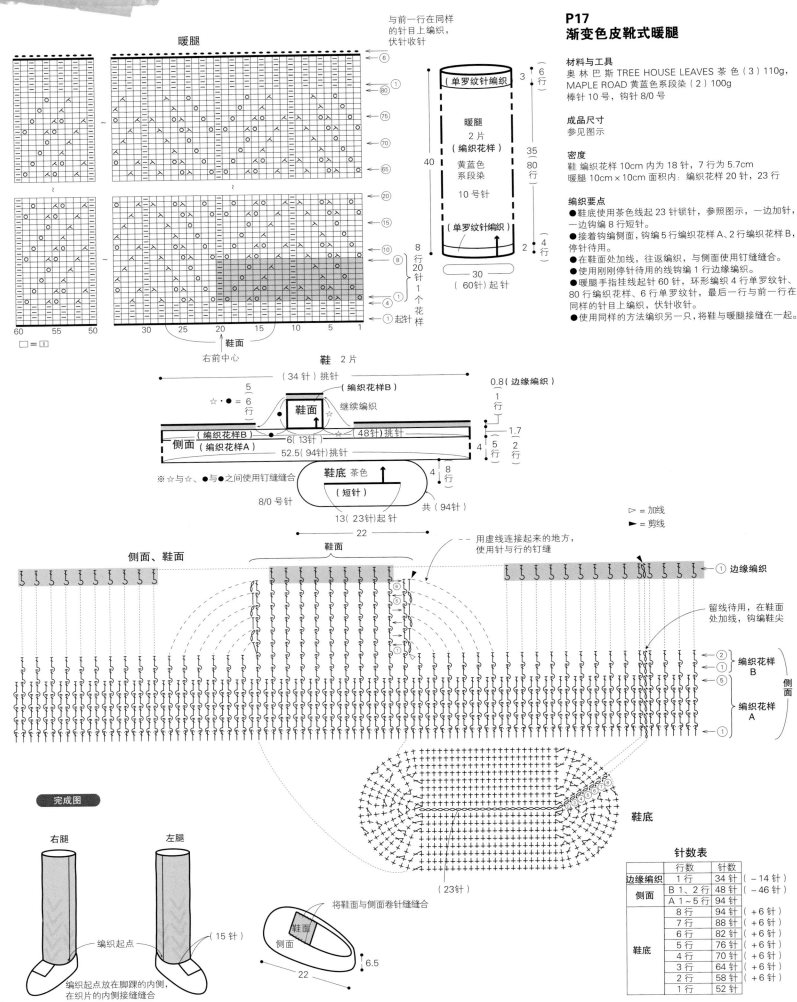

与前一行在同样
的针目上编织，
伏针收针

暖腿

□ = □

## P17
## 渐变色皮靴式暖腿

### 材料与工具
奥林巴斯 TREE HOUSE LEAVES 茶色（3）110g，
MAPLE ROAD 黄蓝色系段染（2）100g
棒针 10 号，钩针 8/0 号

### 成品尺寸
参见图示

### 密度
鞋 编织花样 10cm 内为 18 针，7 行为 5.7cm
暖腿 10cm×10cm 面积内：编织花样 20 针，23 行

### 编织要点
●鞋底使用茶色线起 23 针锁针，参照图示，一边加针、
一边钩编 8 行短针。
●接着钩编侧面，钩编 5 行编织花样 A、2 行编织花样 B，
停针待用。
●在鞋面处加线，往返编织，与侧面使用钉缝缝合。
●使用刚刚停针待用的线钩编 1 行边缘编织。
●暖腿手指挂线起针 60 针，环形编织 4 行单罗纹针、
80 行编织花样、6 行单罗纹针，最后一行与前一行在
同样的针目上编织，伏针收针。
●使用同样的方法编织另一只，将鞋与暖腿接缝在一起。

（单罗纹针编织）

暖腿
2 片
（编织花样）
黄蓝色
系段染
10 号针

（单罗纹针编织）

30
（60针）起针

鞋 2 片

（34 针）挑针
（编织花样B）
鞋面
继续编织
侧面 （编织花样B）
（编织花样A）
（48针）挑针
6（13针）
52.5（94针）挑针
鞋底 茶色
（短针）
8/0 号针
13（23针）起针
共（94针）
22

※☆与☆、●与●之间使用钉缝缝合

▷ = 加线
► = 剪线

侧面、鞋面

鞋面

用虚线连接起来的地方，
使用针与行的钉缝

边缘编织

留线待用，在鞋面
处加线，钩编鞋尖

编织花样 B
侧面
编织花样 A

鞋底

（23针）

### 完成图

右腿

左腿

编织起点

（15针）

将鞋面与侧面卷针缝缝合

鞋面

侧面

6.5

编织起点
编织起点放在脚踝的内侧，
在织片的内侧接缝缝合

22

### 针数表

| | 行数 | 针数 | |
|---|---|---|---|
| 边缘编织 | 1 行 | 34 针 | （−14 针） |
| 侧面 | B 1、2 行 | 48 针 | （−46 针） |
| | A 1~5 行 | 94 针 | |
| 鞋底 | 8 行 | 94 针 | （+6 针） |
| | 7 行 | 88 针 | （+6 针） |
| | 6 行 | 82 针 | （+6 针） |
| | 5 行 | 76 针 | （+6 针） |
| | 4 行 | 70 针 | （+6 针） |
| | 3 行 | 64 针 | （+6 针） |
| | 2 行 | 58 针 | （+6 针） |
| | 1 行 | 52 针 | |

## P18
### 踩脚式暖腿

**材料与工具**

SKIYARN BLUNO 深紫色（508）140g，浅茶色（513）12g

长 2.5cm 的装饰别针 4 个

棒针 8 号、10 号，钩针 8/0 号

**成品尺寸**

宽 13cm，长 45cm

**密度**

10cm×10cm 面积内：编织花样 18.5 针，20.5 行

**编织要点**

●选取深紫色的线，在 10 号针上，手指挂线起针 48 针。参照图示，环形编织 4 行单罗纹针、12 行编织花样。

●第 13 行，编织 19 针后，为了留出脚后跟的开口，从第 20 针开始，换成 8 号针，编织 23 针单罗纹针。编织花样部分换回 10 号针编织。

●编织到第 15 行后，停线备用，使用 80cm 的相同的线，采取伏针收针的方法，将单罗纹针部分的 23 针收针。

●使用相同的线，用钩针起 23 针锁针。刚才停用的线从第 16 行开始编织。编织单罗纹针部分时换成 8 号针，挑取锁针起针的里山进行编织。编织花样部分换回 10 号针进行编织。

●84 行编织完成后，换成 8 号针。编织 4 行单罗纹针，最后一行伏针收针。再以相同的方法编织一片。

●制作 4 个球球，分别连在装饰别针上，然后再别到主体上。

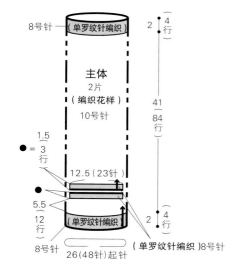

8号针 —（单罗纹针编织）

2 { （ 4 行 ）

**主体**
**2 片**
（编织花样）
10号针

41（84 行）

1.5
● = 3 行

12.5（23 针）

5.5（12 行）

2 { （ 4 行 ）

8号针 —（单罗纹针编织）

26（48针）起针

（单罗纹针编织）8号针

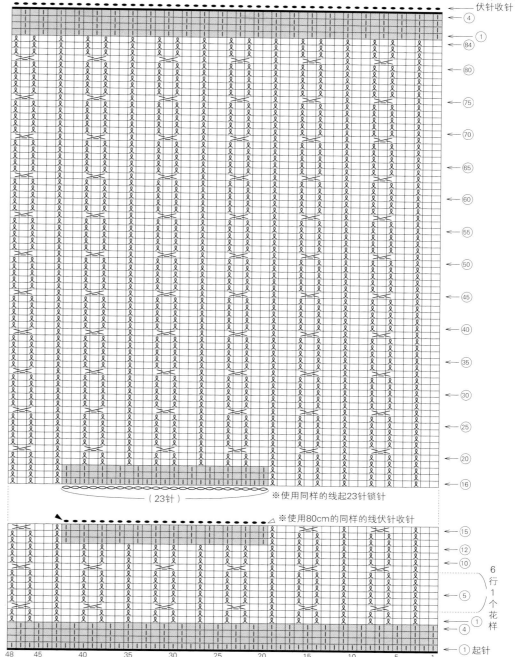

主体　2 片

与前一行在同样的针目上编织，伏针收针

④
①
84
80
75
70
65
60
55
50
45
40
35
30
25
20
16

（23针）　※使用同样的线起23针锁针

△※使用80cm的同样的线伏针收针

15
12
10
5
①

6 行 1 个花样

④
①

48　45　40　35　30　25　20　15　10　5　1

①起针

□ = ⊟

部分（单罗纹针）使用8号针，其余部分使用10号针

▷ = 加线

► = 剪线

### 球球的制作方法

浅茶色（浅茶色2根一股）
混合色（浅茶色、深紫色并在一起） } 各2个

厚纸

5

※缠绕25圈

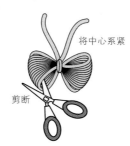

将中心系紧

剪断

4

用于系的线不动，其余的线修剪成球形，使用系的线将球球系在装饰别针上

**完成图**

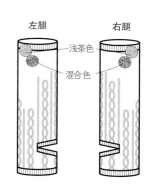

左腿　右腿

浅茶色

混合色

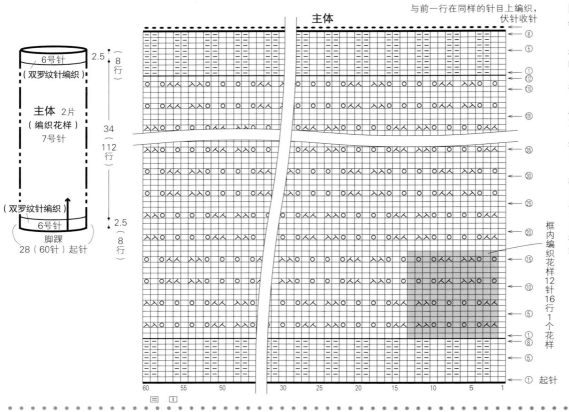

## P18
## 镂空花样暖腿

**材料与工具**
DARUMA 接近原毛的美丽诺羊毛 暗蓝绿色（5）
100g
棒针 7 号、6 号

**成品尺寸**
宽 14cm，长 39cm

**密度**
10cm×10cm 面积内：编织花样 21.5 针，33 行

**编织要点**
●手指挂线起针 60 针，使用 6 号针环形编织 8 行双罗纹针。
●换成 7 号针，参照图示，编织 112 行编织花样。
●换回 6 号针，编织 8 行双罗纹针，与前一行在同样的针目上编织，伏针收针。再使用同样的方法编织另一只。

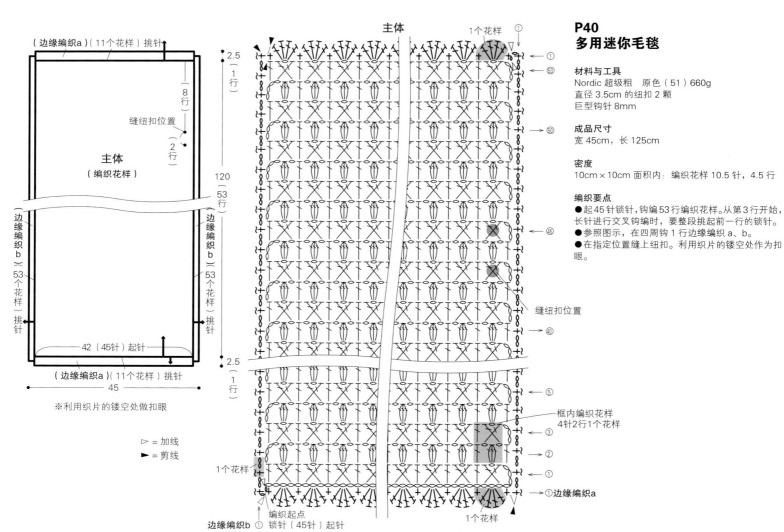

## P40
## 多用迷你毛毯

**材料与工具**
Nordic 超级粗 原色（51）660g
直径 3.5cm 的纽扣 2 颗
巨型钩针 8mm

**成品尺寸**
宽 45cm，长 125cm

**密度**
10cm×10cm 面积内：编织花样 10.5 针，4.5 行

**编织要点**
●起 45 针锁针，钩编 53 行编织花样。从第 3 行开始，长针进行交叉钩编时，要整段挑起前一行的锁针。
●参照图示，在四周钩 1 行边缘编织 a、b。
●在指定位置缝上纽扣。利用织片的镂空处作为扣眼。

## P40
## 方形花片坐垫

**材料与工具**
CINIGLIA 红色（5）190g，土黄色（4）95g，茶色（10）100g，浅绿色（9）81g，米色（2）32g
钩针 10/0 号

**成品尺寸**
42cm × 42cm

**编织要点**
●全部使用2根线并在一起钩编。
●小花环形起针，参照图示，钩编指定的片数。
●花片A、B是将钩针插入小花的中心的环中开始钩编的。在第1行的指定位置，包裹着小花钩编，其余位置钩编长针，将花瓣向前倒，从花瓣中间挑取中心的环钩编。按照指定的配色，钩编25片，使用茶色的线，将花片之间使用半针卷针缝连接在一起。
●背面钩编短针和短针的条纹花样。
●将2片正面相对，使用红色的线，挑取半针，使用引拔针钉缝缝合。接着，在四周钩编边缘编织。收针。

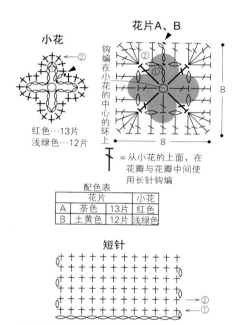

**小花**
红色…13片
浅绿色…12片

= 从小花的上面，在花瓣与花瓣中间使用长针钩编

**配色表**

| | 花片 | | 小花 |
|---|---|---|---|
| A | 茶色 | 13片 | 红色 |
| B | 土黄色 | 12片 | 浅绿色 |

**短针**

正面（花片连接）

| A | B | A | B | A |
|---|---|---|---|---|
| B | A | B | A | B |
| A | B | A | B | A |
| B | A | B | A | B |
| A | B | A | B | A 8 |

40 — 40（5片）

主体

背面
（短针）红色 13/17行
（短针的条纹花样）14/18行
（短针）红色 13/17行
40 — 40（44针）起针

= 浅绿色　□ = 米色

边缘编织　红色　共（160针）挑针
※将主体正面相对，挑取2片的针目（半针），使用引拔针钉缝缝合，钩编边缘编织
（1个花样）挑针
39针 挑针

边缘编织
± = 挑取引拔针钩编的半针

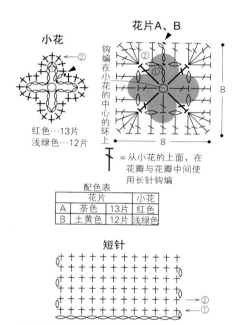

花片A、B
钩编在小花的中心的环上

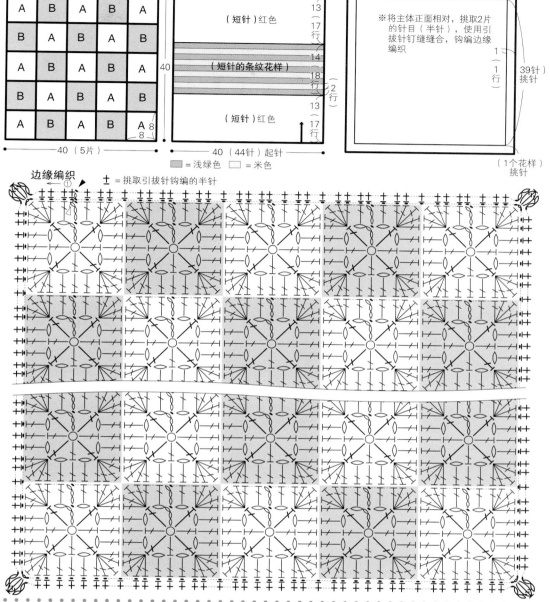

## P41
## 马克杯外罩

**材料与工具**
Chameleon Camera 蓝色系段染（08）、橘黄色系段染（01）、绿色系段染（02）各10g
棒针3号，钩针3/0号

**成品尺寸**
宽23cm，高10cm

**编织要点**
●主体选用3号针，手指挂线起针，编织4行单罗纹针，24行下针编织、4行单罗纹针。编织终点与前一行在同样的针目上编织，伏针收针。
●在主体的四角加线，使用3/0号针，钩编4根细绳。

伏针收针
主体（下针编织）（单罗纹针编织）3号针
8 { 4行/24行/4行 }
23（57针）起针

细绳 4根 3/0号针
10（30针）起针
▷ = 加线
► = 剪线

与前一行在同样的针目上编织，伏针收针

主体

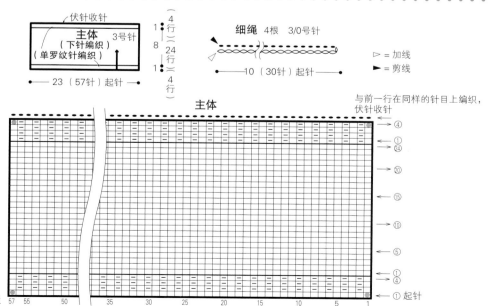

□ = ⊥
● = 钩入细绳的位置

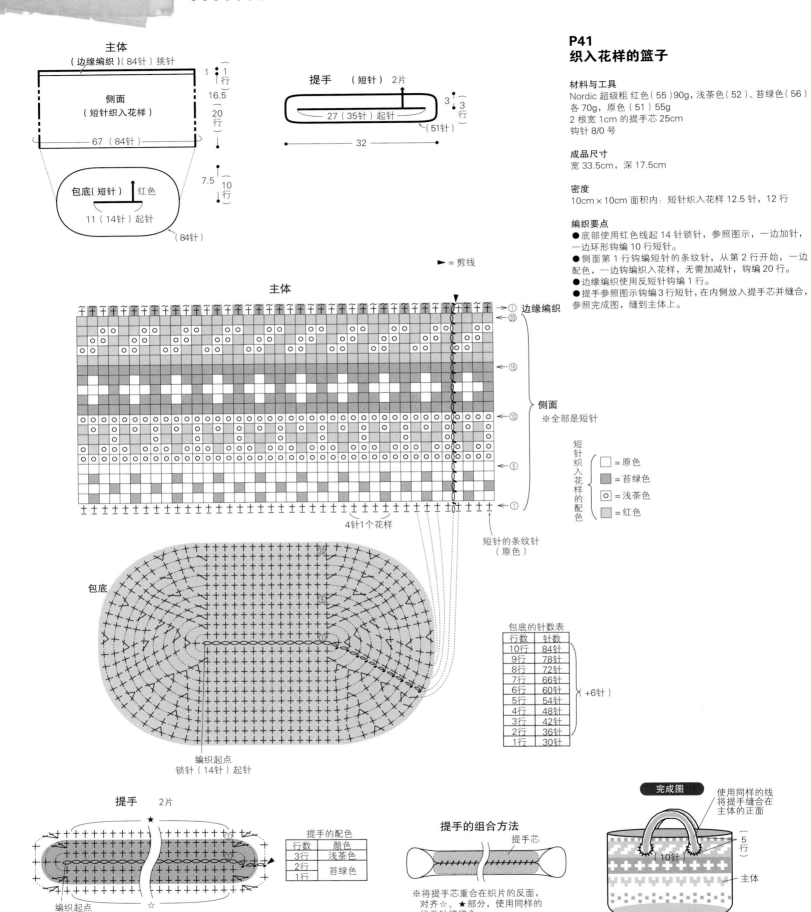

主体

（边缘编织）（84针）挑针

侧面
（短针织入花样）

1　1行
16.5　（20行）

67　（84针）

包底（短针）　红色

11（14针）起针

（84针）

7.5　10行

提手　（短针）2片

27（35针）起针

3　3行

（51针）

32

► = 剪线

## P41
## 织入花样的篮子

**材料与工具**
Nordic 超级粗 红色（55）90g，浅茶色（52）、苔绿色（56）
各70g，原色（51）55g
2 根宽 1cm 的提手芯 25cm
钩针 8/0 号

**成品尺寸**
宽 33.5cm，深 17.5cm

**密度**
10cm×10cm 面积内：短针织入花样 12.5 针，12 行

**编织要点**
●底部使用红色线起 14 针锁针，参照图示，一边加针，一边环形钩编 10 行短针。
●侧面第 1 行钩编短针的条纹针，从第 2 行开始，一边配色，一边钩编织入花样，无需加减针，钩编 20 行。
●边缘编织使用反短针钩编 1 行。
●提手参照图示钩编 3 行短针，在内侧放入提手芯并缝合，参照完成图，缝到主体上。

主体

① 边缘编织
20
15
侧面
※全部是短针
10
5
①

4针1个花样

短针的条纹针
（原色）

短针织入花样的配色
□ = 原色
▨ = 苔绿色
⊡ = 浅茶色
▨ = 红色

包底

编织起点
锁针（14针）起针

**包底的针数表**

| 行数 | 针数 | |
| --- | --- | --- |
| 10行 | 84针 | |
| 9行 | 78针 | |
| 8行 | 72针 | |
| 7行 | 66针 | |
| 6行 | 60针 | +6针 |
| 5行 | 54针 | |
| 4行 | 48针 | |
| 3行 | 42针 | |
| 2行 | 36针 | |
| 1行 | 30针 | |

提手　2片

★
☆

编织起点
锁针（35针）起针

**提手的配色**

| 行数 | 颜色 |
| --- | --- |
| 3行 | 浅茶色 |
| 2行 | 苔绿色 |
| 1行 | 苔绿色 |

**提手的组合方法**

提手芯

※将提手芯重合在织片的反面，对齐☆、★部分，使用同样的线卷针缝合。

**完成图**

使用同样的线将提手缝合在主体的正面

5行
10针

主体

**P32 冬日的祖母方格手提包**
**P33 夏日的祖母方格手提包**

### 材料与工具

冬日的祖母方格手提包：和麻纳卡 ARAN TWEED 藏青色
（11）75g，原色（1）65g，灰色（3）57g，土耳其玉色（4）
25g
钩针 8/0 号

夏日的祖母方格手提包：和麻纳卡 ECO ANDARIA 浅茶
色（23）220g
钩针 7/0 号

### 成品尺寸

冬日的祖母方格手提包：宽38cm，深23cm（不包括提手）
夏日的祖母方格手提包：宽36cm，深30.5cm（不包括提手）

### 密度

花片的尺寸
冬日的祖母方格手提包：9.5cm×9.5cm
夏日的祖母方格手提包：9cm×9cm

### 编织要点

●环形起针，参照图示，使用 ARAN TWEED 线一边配色一边钩编或使用 ECO ANDARIA 线进行钩编。
●钩编好所需片数的花片后，使用半针卷针缝分别连接好前、后片与侧片。将前、后片与侧片分别正面相对，使用短针的条纹针将其钩编连接在一起。
●接着，在包口钩编 5 行边缘编织。
●提手是在边缘编织上加线，起 43 针（夏日的祖母方格手提包是 47 针），参照图示钩编连接在一起。

冬日的祖母方格手提包 ＊花片A＝12片、B＝12片

前片（花片连接）　　　2片

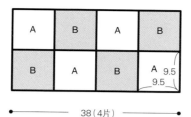

＊后片是将A、B位置调换

侧片（花片连接）

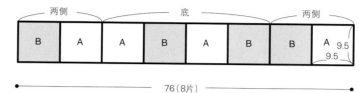

提手
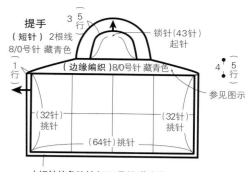

＊将前、后片与侧片分别正面相对对齐，
2片一起使用短针的条纹针进行钩编

花片（通用）

▷ ＝ 加线
▶ ＝ 剪线

### 花片的配色与使用的针

| | 1、2行 | 3、4行 | 5行 | 使用针 |
|---|---|---|---|---|
| 冬A | 土耳其玉色 | 原色 | 藏青色 | 8/0号 |
| 冬B | 原色 | 灰色 | 藏青色 | 8/0号 |
| 夏 | 浅茶色 | 浅茶色 | 浅茶色 | 7/0号 |

夏日的祖母方格手提包 ＊花片34片

前、后片（花片连接）　　　2片

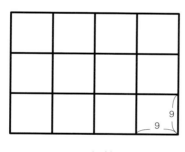

侧片（花片连接）

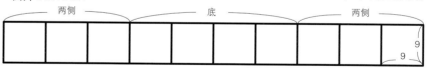

提手
（短针）
7/0号针 2根线

＊将前、后片与侧片分别正面相对对齐，
2片一起使用短针的条纹针进行钩编

提手

＊□处、○处，均是按照数字的顺序入针（一次挑取3针），
钩编1针短针

边缘编织

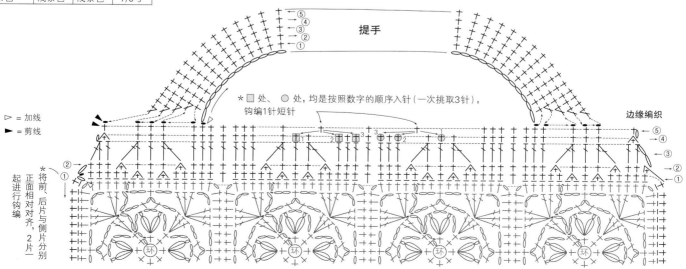

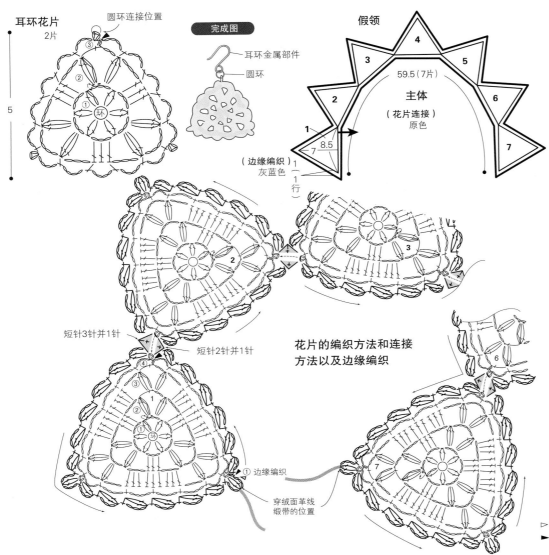

耳环花片
2片

圆环连接位置

完成图

耳环金属部件

圆环

5

假领

4

3

5

59.5(7片)

主体
（花片连接）
原色

2

6

1

7

8.5

7

（边缘编织）
灰蓝色 1（1行）

短针3针并1针

短针2针并1针

花片的编织方法和连接
方法以及边缘编织

① 边缘编织

穿绒面革线
缎带的位置

▷ = 加线
► = 剪线

P31

## 花片连接的个性假领和蕾丝花片耳环

**材料与工具**
假领：奥林巴斯 SILLK GRACE　原色（2）20g，灰蓝色（5）10g
2根宽5mm的绒面革线缎带40cm
钩针4/0号
耳环：奥林巴斯 EMMY GRANDE<COLORS>
浅茶色（244）2g
耳环金属部件1组，直径3mm的圆环2个
蕾丝针0号

**成品尺寸**
假领：长61.5cm（不含缎带）

**密度**
花片的尺寸
假领：宽8.5cm，高7cm
耳环：宽5cm，高5cm

**编织要点**
●假领环形起针，钩编花片。从第2片开始，在第4行的角上钩编连接在一起。
●在花片连接的周围钩编边缘编织。假领内侧与外侧花片连接的针目不同，钩编时请注意。
●缝上绒面革线缎带。
●耳环环形起针，钩编2片花片，与圆环和金属部件连接在一起。

**绒面革线缎带的连接方法**

缝住

绒面革线缎带

从织片的反面穿绒面革线缎带，绕一圈后缝住

---

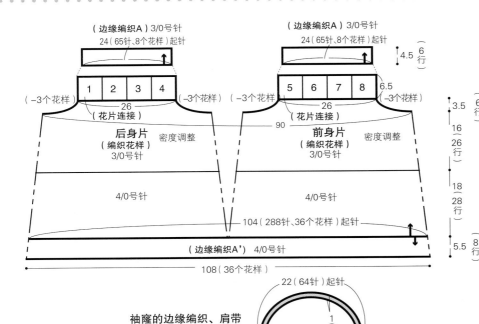

（边缘编织A）3/0号针
24（65针、8个花样）起针

（边缘编织A）3/0号针
24（65针、8个花样）起针

4.5（6行）

1　2　3　4

5　6　7　8

6.5

（−3个花样）

26
（花片连接）

（−3个花样）

（−3个花样）

26
（花片连接）

（−3个花样）

3.5（6行）

后身片
（编织花样）
3/0号针

密度调整

90

前身片
（编织花样）
3/0号针

密度调整

16（26行）

4/0号针

4/0号针

18（28行）

104（288针、36个花样）起针

（边缘编织A'）4/0号针

5.5（8行）

108（36个花样）

袖窿的边缘编织、肩带

22（64针）起针

1（3行）

11针（挑针）

21针（挑针）

（49针）挑针

胁部

1.2（4行）

P37

## 长款吊带背心

**材料与工具**
HOBBYRA HOBBYRE LINNET WOOL 灰色（06）240g
钩针4/0号、3/0号

**成品尺寸**
胸围90cm，长54cm（不含肩带）

**密度**
（3/0号针）10cm×10cm面积内：编织花样32针，16行
（4/0号针）10cm×10cm面积内：编织花样27.5针，15.5行

**编织要点**
●使用4/0号针起288针，连接成环形，钩编28行编织花样。换成3/0号针，钩编26行。
●从袖窿部分开始，前、后身片分别钩编。
●起65针锁针，钩编2片边缘编织A。
●环形起针，钩编花片。在最后一行与身片、边缘编织A连接在一起，从第2片开始，还要与前一片连接在一起。
●下摆，在起针的另一侧加线，钩编边缘编织A'。
●从袖窿处挑针，接着起64针锁针，使用短针钩编边缘编织。
●钩编细绳，穿到身片上。

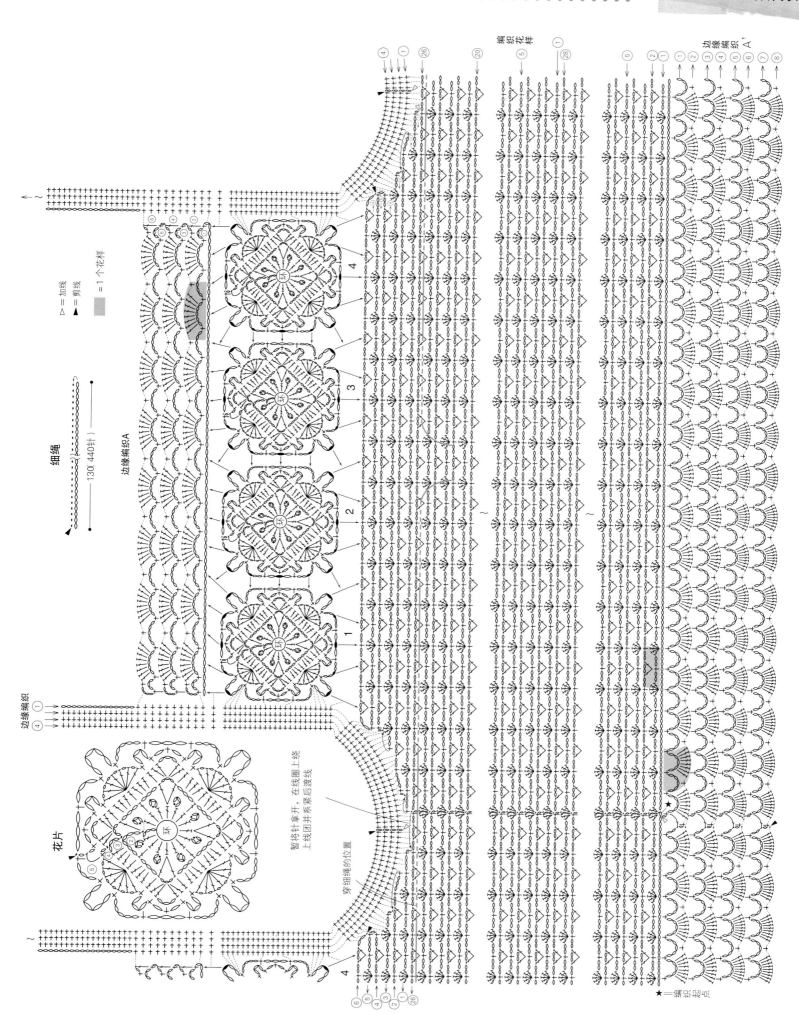

细绳

□ = 加线
▲ = 剪线
= 1个花样

边缘编织A

━━ 130（440针）━━

花片

暂将钩针拿开，在线圈上绕
上线团并系后系后渡线
穿细绳的位置

编织花样

边缘编织A

边缘编织

★=编织起点

完成图

穿过细绳并打结

将花片连接的反面当作
正面，缝在中央

立织的位置

正面相对，使用引拔针钉缝

花片连接布局图
※从正面看到的布局（要将反面当作正面用）

27 底侧

4.5

27

○ = 花片 A　14 片
（灰色）= 花片 B　24 片

花片连接

## P34
## 温暖的花海热水袋外罩

### 材料与工具
芭贝 BRITISH EROIKA 黄色（191）215g，QUEEN ANNY 浅灰色（976）45g，浅灰白色（802）40g，绿色（957）10g
钩针 6/0 号

### 成品尺寸
宽 28cm，深 38.5cm

### 密度
10cm×10cm 面积内：编织花样 19 针，12 行

### 编织要点
● 主体使用锁针起 108 针，连接成环形，往返钩编 6 行短针。接下来，编织花样也采用往返钩编，钩编 39 行。同一个方向钩编 3 行边缘编织。
● 将底部正面相对，使用引拔针钉缝缝合。
● 花片环形起针，配色后钩编 2 行。从第 2 片开始，参照图示，在钩编第 2 行的同时连接在一起，翻到反面后与主体连接在一起。
● 钩编细绳，穿到边缘编织的第 1 行中。

▷ = 加线
► = 剪线

### 花片的配色表

| 行数 | A | B |
| --- | --- | --- |
| 2 行 | 浅灰白色 | 浅灰色 |
| 1 行 | 绿色 | 浅灰白色 |

### 花片的连接方法
钩编完 4 针长针的枣形针后，暂将钩针拿开。在箭头的尖部（◇）插入钩针，将刚刚放开的针目拉出，接着钩编 3 针锁针。

底侧

主体

1 个花样

穿细绳位置

边缘编织

短针

细绳

98（180针）

边缘编织，18 个花样

3.5（3 行）

主体（编织花样）

32（39 行）

36 个花样

3（6 行）

短针

56（108针）起针

= 1 个花样

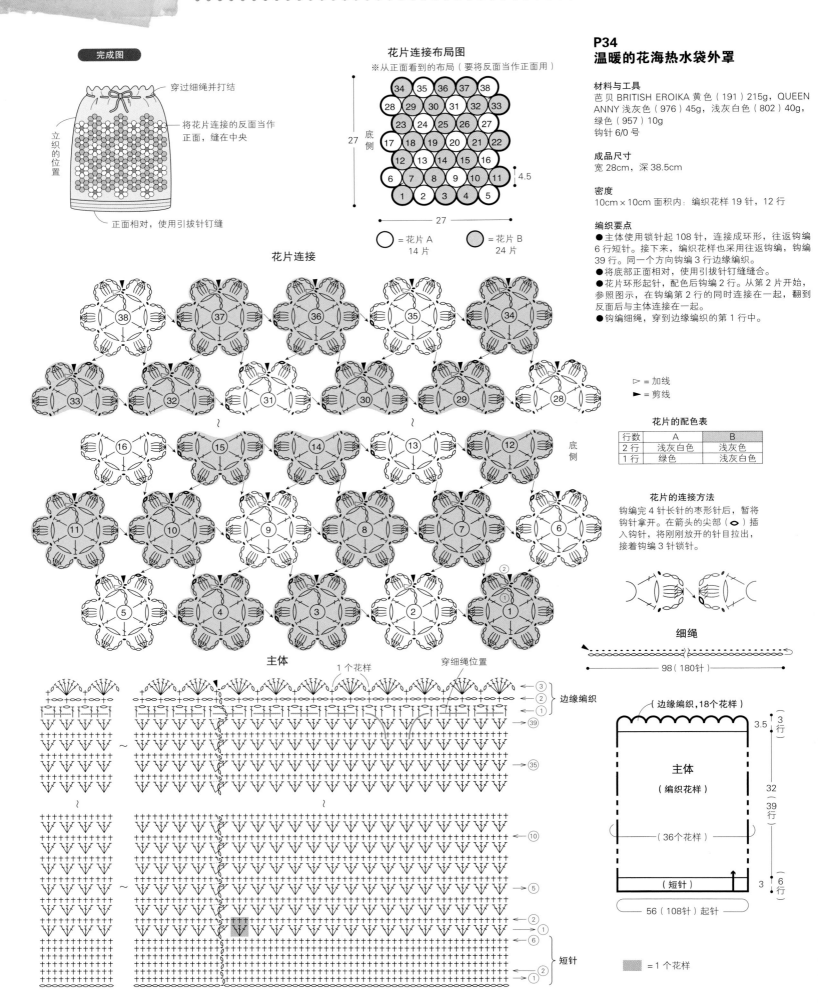

## P35
### 绚彩段染线毛毯

**材料与工具**

奥林巴斯 MAKE MAKE COCOTTE 原色（401）205g，米色（409）150g，紫色（407）80g，浅紫色（403）、橘黄色（405）、蓝色（412）、粉红色（402）、绿色（404）各65g
钩针 7/0 号

**成品尺寸**

长 143cm，宽 91.5cm

**密度**

花片尺寸 12cm×11cm

**编织要点**

●花片环形起针，在配色的同时钩编5行。从第2片开始，参照布局图，在最后一行钩编连接在一起。

花片连接布局图

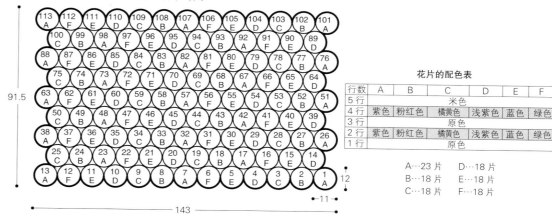

花片的配色表

| 行数 | A | B | C | D | E | F |
|---|---|---|---|---|---|---|
| 5 行 | 米色 | | | | | |
| 4 行 | 紫色 | 粉红色 | 橘黄色 | 浅紫色 | 蓝色 | 绿色 |
| 3 行 | 原色 | | | | | |
| 2 行 | 紫色 | 粉红色 | 橘黄色 | 浅紫色 | 蓝色 | 绿色 |
| 1 行 | 原色 | | | | | |

A…23 片　D…18 片
B…18 片　E…18 片
C…18 片　F…18 片

花片连接

$\underset{\circ}{\text{V}}$ = 挑取锁针的半针和里山，放出2针短针

▷ = 加线
► = 剪线

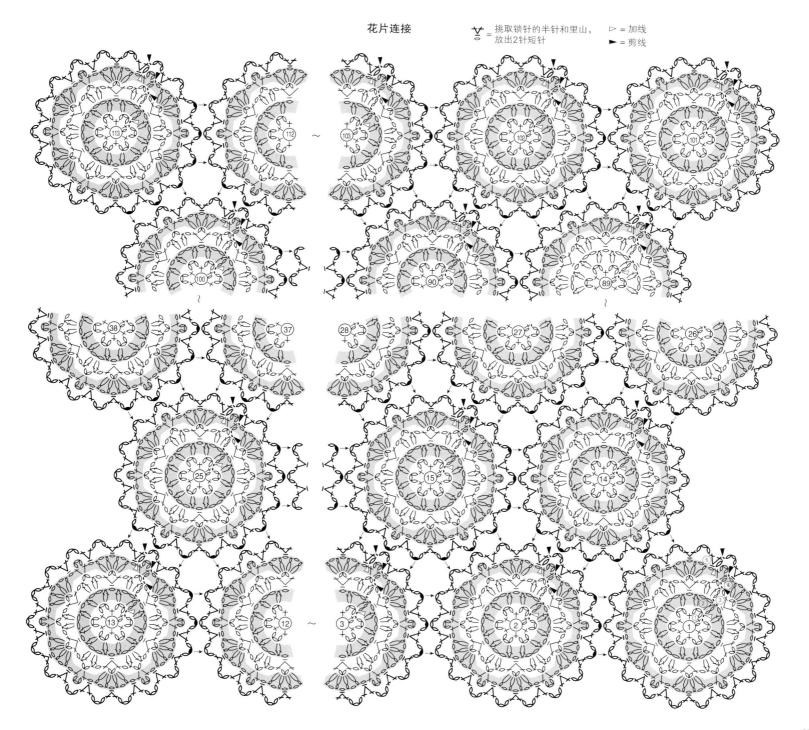

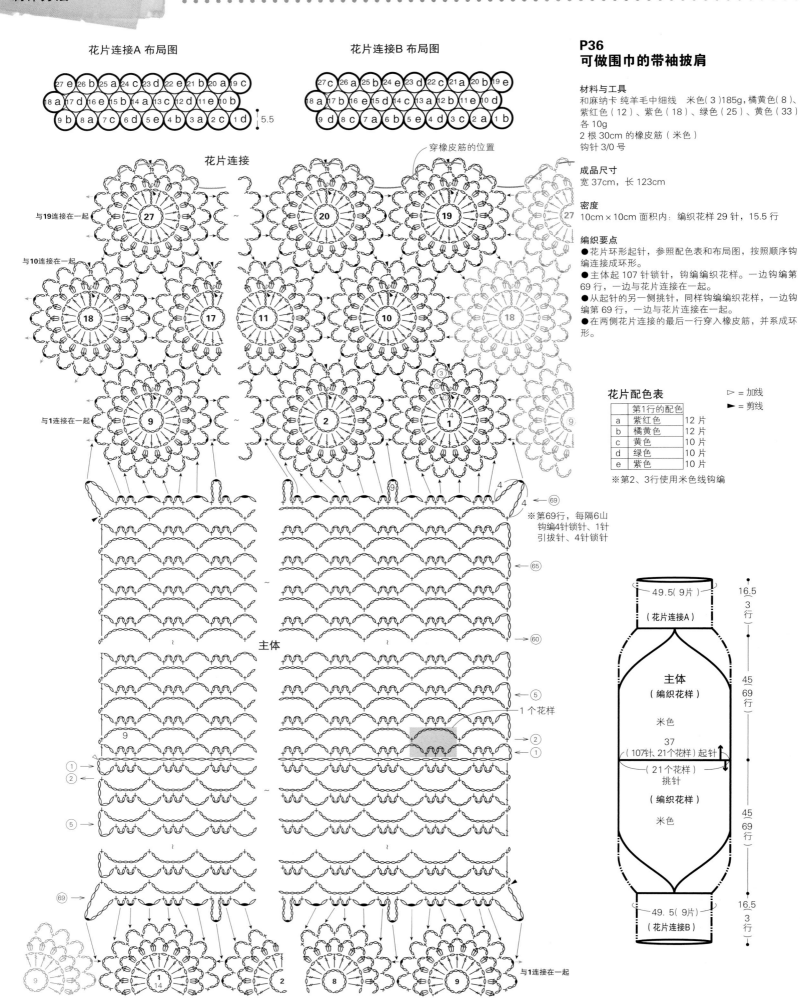

花片连接A 布局图

花片连接B 布局图

花片连接

**P36**
**可做围巾的带袖披肩**

**材料与工具**
和麻纳卡 纯羊毛中细线 米色（3）185g，橘黄色（8）、
紫红色（12）、紫色（18）、绿色（25）、黄色（33）
各10g
2根30cm的橡皮筋（米色）
钩针3/0号

**成品尺寸**
宽37cm，长123cm

**密度**
10cm×10cm 面积内：编织花样29针，15.5行

**编织要点**
●花片环形起针，参照配色表和布局图，按照顺序钩
编连接成环形。
●主体起107针锁针，钩编编织花样。一边钩编第
69行，一边与花片连接在一起。
●从起针的另一侧挑针，同样钩编编织花样，一边钩
编第69行，一边与花片连接在一起。
●在两侧花片连接的最后一行穿入橡皮筋，并系成环
形。

穿橡皮筋的位置

主体

※第69行，每隔6山
钩编4针锁针、1针
引拔针、4针锁针

1个花样

**花片配色表**

▷ ＝ 加线
► ＝ 剪线

| | 第1行的配色 | |
|---|---|---|
| a | 紫红色 | 12 片 |
| b | 橘黄色 | 12 片 |
| c | 黄色 | 10 片 |
| d | 绿色 | 10 片 |
| e | 紫色 | 10 片 |

※第2、3行使用米色线钩编

与1连接在一起

## P33
## 口金手拿包

**材料与工具**
和麻纳卡 EXCEED WOOL FL（粗）紫色（215）20g，
粉色（235）15g，原色（201）10g
宽约11cm、高约6.5cm的口金（INAZUMA）1个
钩针4/0号

**成品尺寸**
宽14cm，深16cm

**密度**
花片尺寸 6cm×6cm

**编织要点**
● 环形起针，一边配色，一边钩编8片花片。
● 用紫色线，使用半针卷针缝的方法将4片花片连接在一起，从而制作出2片主体。
● 在2片主体上分别钩编袋口处的边缘编织A，接着在侧片和底部钩编短针和短针的条纹针各1行。
● 将主体背面相对，两片一起钩编边缘编织B。
● 缝上口金。

**花片的配色**

| 1、2行 | 3、4行 | 5行 |
|--------|--------|-----|
| 原色 | 粉红色 | 紫色 |

＊花片与85页的祖母方格手提包的相同

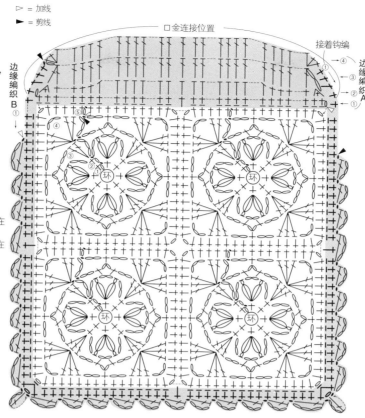
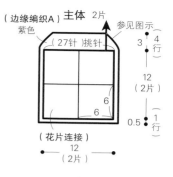
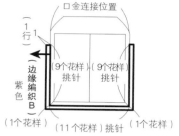
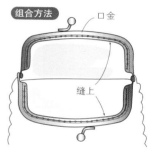

▷ = 加线
► = 剪线

## P34
## 方形花朵装饰垫

**材料与工具**
和麻纳卡 PAUME（纯棉）CROCHET 原色（1）18g
钩针3/0号

**成品尺寸**
18cm×18cm

**密度**
花片尺寸 8cm×8cm

**编织要点**
● 环形起针，参照图示钩编花片。
● 从第2片开始，在最后一行钩编连接。
● 4片连接在一起后，在四周钩编边缘编织。

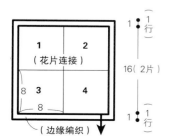

花片的钩编方法和连接方法

▷ = 加线
► = 剪线

边缘编织

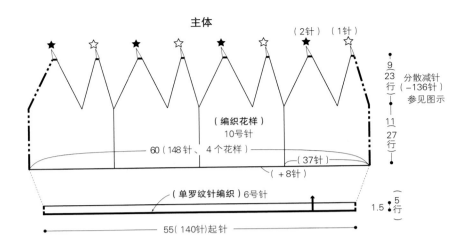

## P22
### 甜美可爱的贝雷帽

**材料与工具**
和麻纳卡 ARAN TWEED 原色（1）85g
棒针 10 号、6 号，钩针 7/0 号

**成品尺寸**
头围 60cm，深 21.5cm

**密度**
10cm×10cm 面积内：编织花样 24.5 针，25 行

**编织要点**
●手指挂线起针 140 针，环形编织 5 行单罗纹针。在编织花样的第 1 行加 8 针，接着不加减针编织 27 行。然后一边分散减针一边编织 23 行。在剩下的针目（12 针）内穿线，收紧。

**完成图**

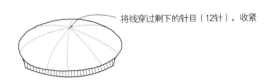

将线穿过剩下的针目（12针），收紧

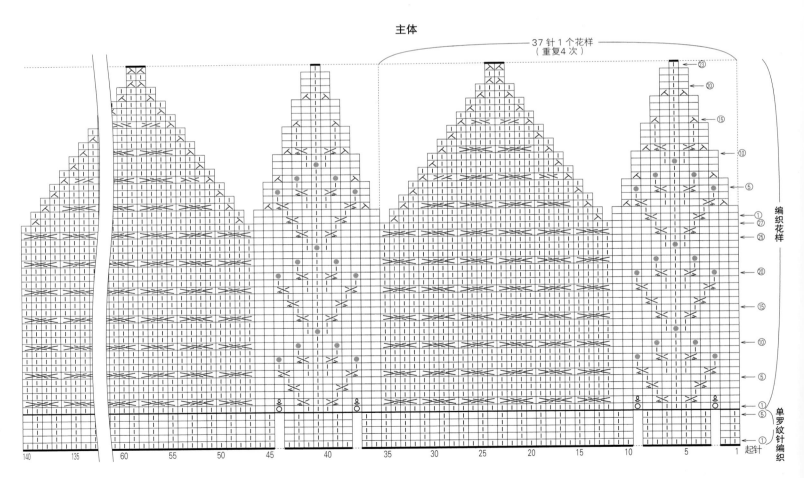

92

## P22
### 甜美可爱的连指手套

**材料与工具**
和麻纳卡 ARAN TWEED 原色（1）65g
棒针 8 号，钩针 7/0 号

**成品尺寸**
手掌处周长 20cm，长 23cm

**密度**
10cm×10cm 面积内：下针编织、编织花样均为 20 针，26 行

**编织要点**
●主体手指挂线起针 38 针，编织 20 行双罗纹针。接着，加 3 针，在大拇指部分一边加针一边编织 10 行编织花样和下针编织。
●编织至第 11 行大拇指的位置（19 针）后，开始编织大拇指。在两端使用卷针加针各加 2 针，编织 12 行。在第 13、14 行减针，将线穿入剩下的针目（7 针）中，并收紧。☆之间挑针接缝。
●从大拇指的卷针加针上挑取 2 针，接着主体的第 11 行编织。无需加减针编织至第 35 行，指尖的 7 行，一边编织一边减针。
将线穿入剩下的针目（12 针）中，并收紧。★之间挑针接缝。
※ 大拇指的编织方法参见 29 页

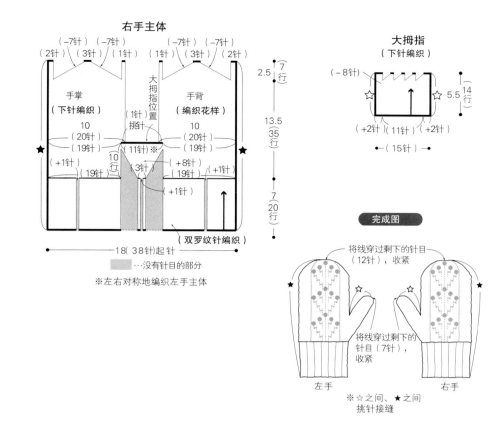

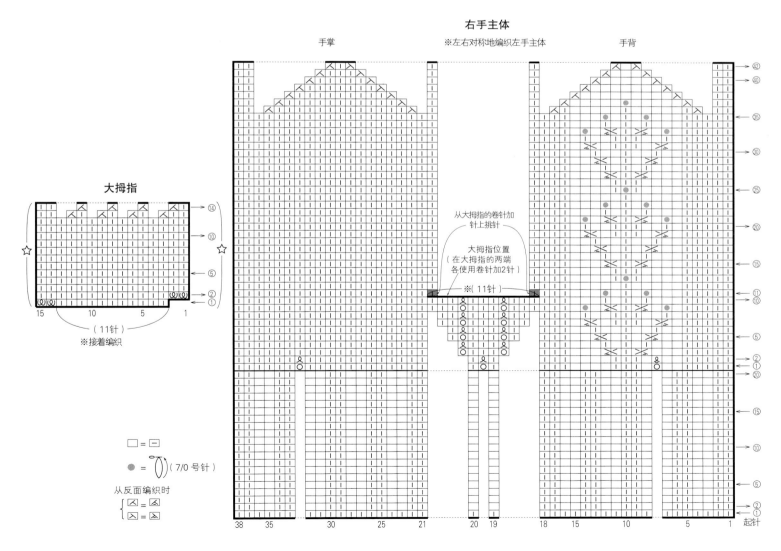

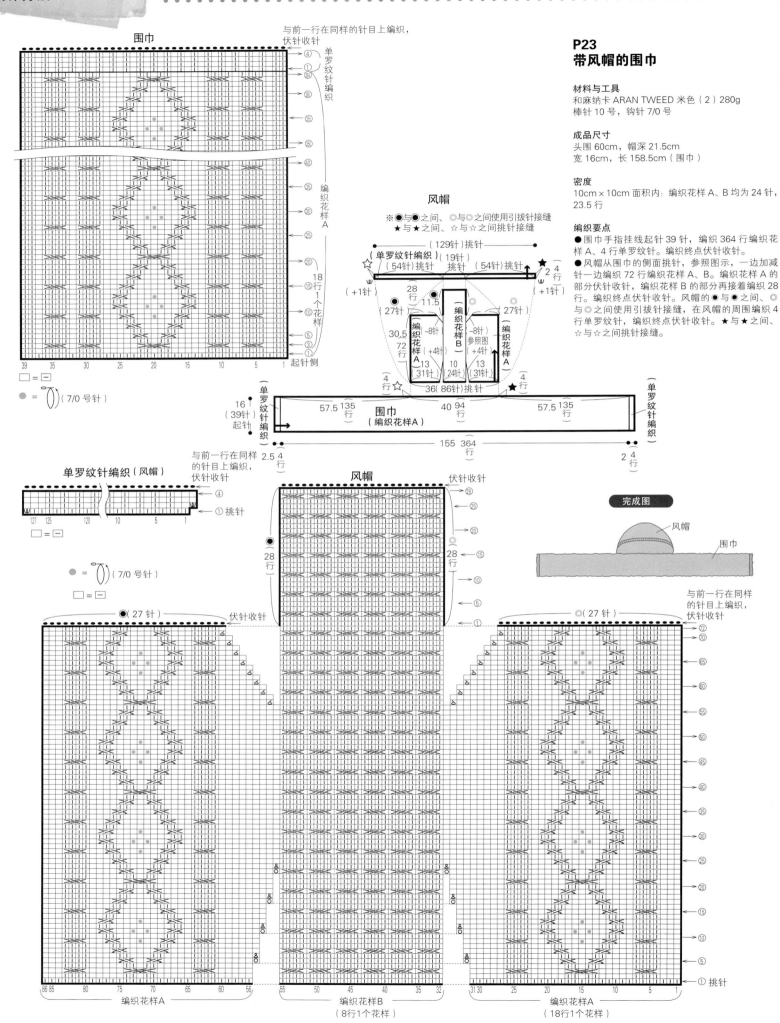

**围巾**

与前一行在同样的针目上编织，伏针收针

单罗纹针编织

编织花样A

18行1个花样

□ = －

● = ○ （7/0 号针）

39 35 30 25 20 15 10 5 1

起针侧

---

**单罗纹针编织（风帽）**

与前一行在同样的针目上编织，伏针收针

④
① 挑针

127 125 120 10 5 1

□ = －

● = ○ （7/0 号针）

---

**风帽**

※ ●与●之间、◎与◎之间使用引拔针接缝
★与★之间、☆与☆之间挑针接缝

（129针）挑针

单罗纹针编织（19针）

（54针）挑针    挑针    （54针）挑针

28行（27针）    11.5    （27针）    2（4行）

（+1针）    （+1针）

30.5（72行）    -8针    编织花样B    -8针    编织花样A

编织花样A    参照图    （+4针）

13（31针）    10（24针）    13（31针）

（+4针）

4行    ☆    36（86针）挑针    ★    4行

16（39针）起钩    57.5（135行）    40（94行）    57.5（135行）

围巾（编织花样A）

2.5（4行）    155（364行）    2（4行）

---

**P23**
**带风帽的围巾**

**材料与工具**
和麻纳卡 ARAN TWEED 米色（2）280g
棒针 10 号，钩针 7/0 号

**成品尺寸**
头围 60cm，帽深 21.5cm
宽 16cm，长 158.5cm（围巾）

**密度**
10cm×10cm 面积内：编织花样 A、B 均为 24 针，
23.5 行

**编织要点**
●围巾手指挂线起针 39 针，编织 364 行编织花样 A，4 行单罗纹针。编织终点伏针收针。
●风帽从围巾的侧面挑针，参照图示，一边加减针一边编织 72 行编织花样 A、B。编织花样 A 的部分伏针收针，编织花样 B 的部分再接着编织 28 行。编织终点伏针收针。风帽的 ●与 ●之间、◎与◎之间使用引拔针接缝，在风帽的周围编织 4 行单罗纹针，编织终点伏针收针。★与★之间、☆与☆之间挑针接缝。

**完成图**

风帽

围巾

---

**风帽**

伏针收针

④
② 挑针

28行

28行

● 28行

◎ 28行

---

与前一行在同样的针目上编织，伏针收针

●（27针）    伏针收针    ◎（27针）

86 85 80 75 70 65 60 56    55 50 45 40 35 32    31 30 25 20 15 10 5 1    ① 挑针

编织花样A    编织花样B（8行1个花样）    编织花样A（18行1个花样）

## P24
## 简约风中性帽

### 材料与工具
和麻纳卡 SONOMONO ALPACA WOOL 黑灰色
（45）85g
棒针 12 号、10 号

### 成品尺寸
头围 52cm，帽深 21.5cm

### 密度
10cm×10cm 面积内：编织花样 20 针，25 行

### 编织要点
●选用 10 号针，手指挂线起针，连成环形，编织
8 行单罗纹针。换成 12 号针，在编织花样的第
1 行加 5 针，无加减针编织之后的 32 行。接着一边
分散减针，一边编织 12 行。将线穿入剩下的针目（15
针）中，并收紧。

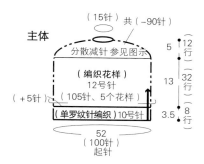

主体

（15针）共（-90针）

分散减针 参见图示

（编织花样）
12号针
（105针，5个花样）

（+5针）

（单罗纹针编织）10号针

5 ┃ 12 行
13 ┃ 32 行
3.5 ┃ 8 行

52
（100针）
起针

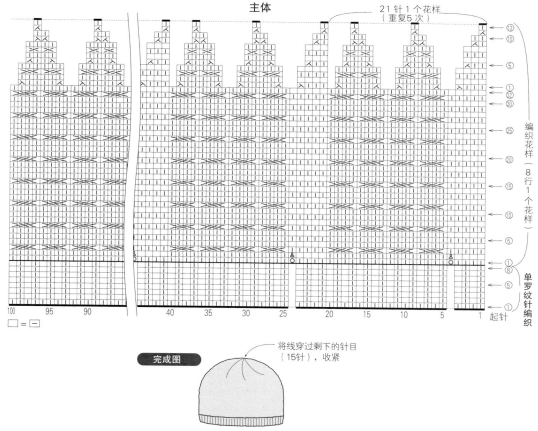

将线穿过剩下的针目
（15针），收紧

完成图

---

## P24
## 百搭围巾

### 材料与工具
和麻纳卡 SONOMONO ALPACA WOOL 黑灰色（45）
280g
棒针 12 号

### 成品尺寸
23.5cm×167cm

### 密度
10cm×10cm 面积内：起伏针编织、编织花样均为 18 针，
23 行

### 编织要点
●手指挂线起针 42 针，编织起伏针和双罗纹针 10 行。
接着起伏针和编织花样 364 行（在第 1 行进行加减
针）。编织起伏针和双罗纹针 10 行（在第 1 行进行加减针）。
编织终点伏针收针。

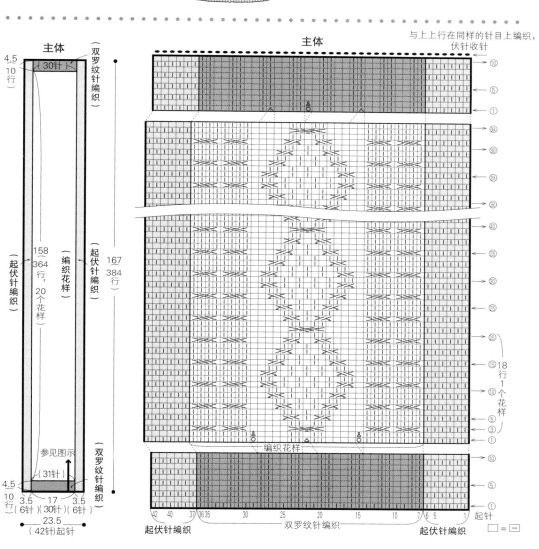

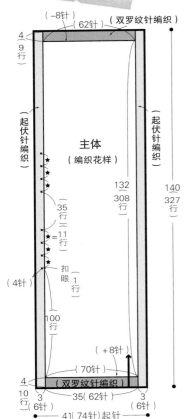

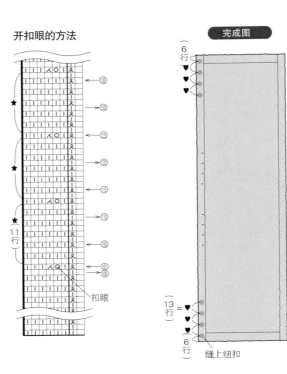

开扣眼的方法

完成图

缝上纽扣

## P25
## 披肩式开衫

**材料与工具**
芭贝 BRITISH EROIKA 紫色（183）430g
直径 2cm 的纽扣 8 颗
棒针 9 号

**成品尺寸**
42cm × 140cm

**密度**
10cm × 10cm 面积内：起伏针编织、编织花样均为 20 针，
23.5 行

**编织要点**
●主体手指挂线起针 74 针，编织起伏针和双罗纹针 10 行。
接着编织起伏针和编织花样 308 行（在第 1 行加针），
编织起伏针和双罗纹针 9 行（在第 1 行减针）。编织终
点伏针收针。
●缝上纽扣。

主体

与前一行在同样的针目上编织，
伏针收针

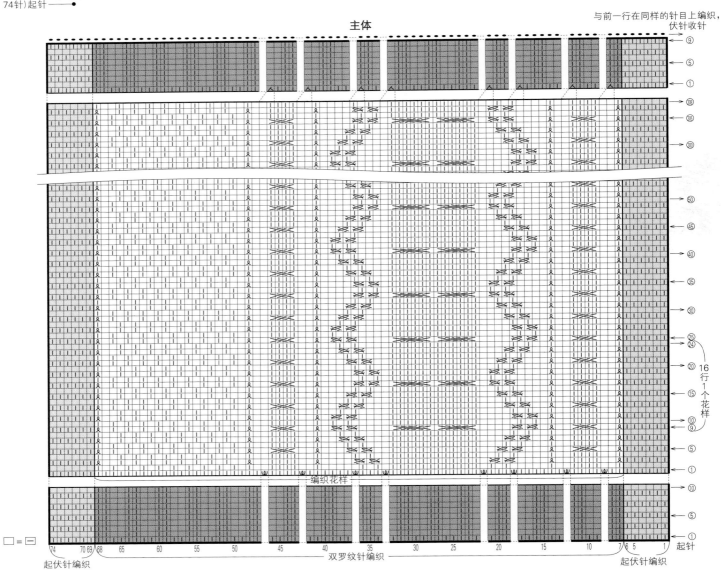

编织花样

双罗纹针编织

起伏针编织

起针

起伏针编织

□ = □

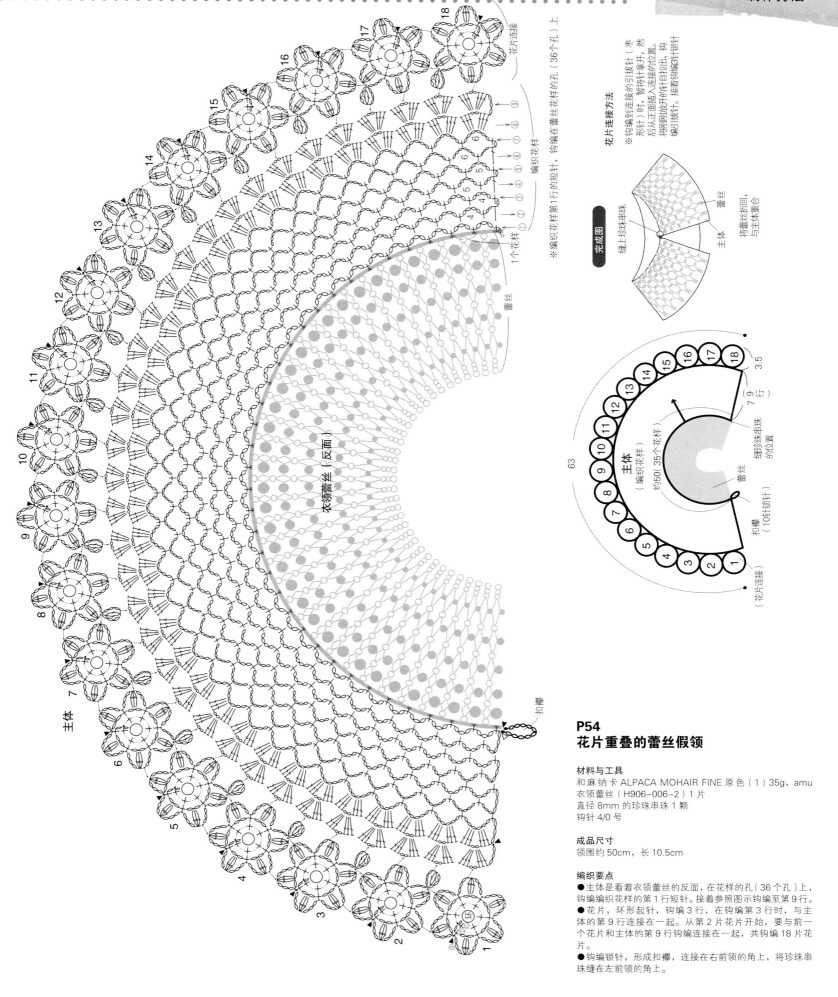

※编织花样第1行的短针，钩编在蕾丝蕾丝花样的孔（36个孔）上

花片连接

编织花样

1个花样

蕾丝

衣领蕾丝（反面）

主体

扣襻

花片连接方法

※钩编连接到连接的引拔针（枣形针）时，暂将针拿开，然后从正面插入连接的位置，钩刚刚放开的针目拉出，接着钩编引拔针。接着钩编短针。

完成图

缝上珍珠串珠

蕾丝

将蕾丝折回，与主体重合。

主体

缝珍珠串珠的位置

扣襻（10针锁针）

主体（编织花样）约50（35个花样）

蕾丝

花片连接

（7、9行）

3.5

63

## P54
## 花片重叠的蕾丝假领

### 材料与工具
和麻纳卡 ALPACA MOHAIR FINE 原色（1）35g，amu
衣领蕾丝（H906-006-2）1 片
直径 8mm 的珍珠串珠 1 颗
钩针 4/0 号

### 成品尺寸
领围约 50cm，长 10.5cm

### 编织要点
●主体是看着衣领蕾丝的反面，在花样的孔（36个孔）上，钩编编织花样的第 1 行短针。接着参照图示钩编至第 9 行。
●花片，环形起针，钩编 3 行，在钩编第 3 行时，与主体的第 9 行连接在一起。从第 2 片花片开始，要与前一个花片和主体的第 9 行钩编连接在一起，共钩编 18 片花片。
●钩编锁针，形成扣襻，连接在右前领的角上，将珍珠串珠缝在左前领的角上。

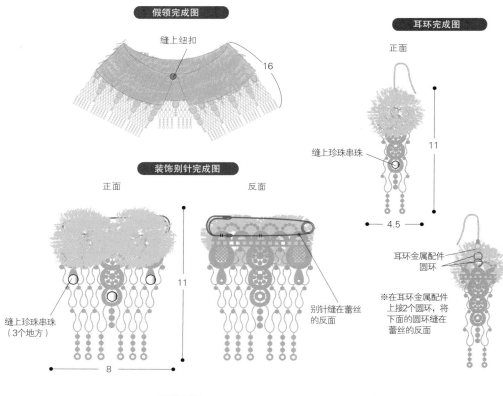

假领完成图

缝上纽扣

16

耳环完成图

正面

缝上珍珠串珠

11

装饰别针完成图

正面　　　　　　　　　反面

缝上珍珠串珠
（3个地方）

11

8

耳环金属配件
圆环

别针缝在蕾丝
的反面

※在耳环金属配件
上接2个圆环，将
下面的圆环缝在
蕾丝的反面

4.5

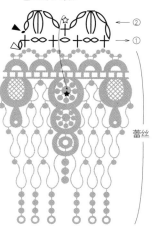

装饰别针

※将☆部分向前折，缝至
蕾丝的★部分

②
①

蕾丝

※蕾丝按照图中的形状剪裁

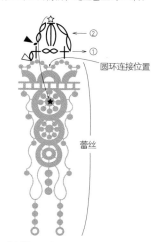

耳环

※将☆部分向前折，缝至蕾丝的★部分

②
①

圆环连接位置

蕾丝

※蕾丝按照图中的形状剪裁

## P55
## 将毛领与圆形珠宝蕾丝组合在一起……

### 假领

**材料与工具**

和麻纳卡 LUPO 灰色（2）40g, amu 衣领蕾丝（H906-005-101）11.5 个花样（约 61cm）
直径 18mm 的纽扣 1 颗
钩针 7mm

**成品尺寸**

领围 46cm，长 16cm

**编织要点**

●蕾丝参照图示剪裁后使用。第 1 行钩编在蕾丝花样的孔中，钩编 4 行。
●将纽扣缝到左前领上。

### 装饰别针

**材料与工具**

和麻纳卡 LUPO 灰色（2）少量，amu 衣领蕾丝（H906-005-101）1.5 个花样（约 7.5cm）
直径 8mm 的珍珠串珠 3 颗，7cm 的别针 1 个
钩针 7mm

**成品尺寸**

8cm×11cm

**编织要点**

●蕾丝参照图示剪裁后使用。第 1 行钩编在蕾丝花样的孔中，钩编 2 行。
●将☆部分向前折，缝至蕾丝的★部分。
●在蕾丝正面的 3 个地方缝上珍珠串珠，在反面缝上别针。

### 耳环

**材料与工具**

和麻纳卡 LUPO 灰色（2）少量，amu 衣领蕾丝（H906-005-101）0.5 个花样（约 3cm）2 片
直径 8mm 的珍珠串珠 2 颗，直径 5mm 的圆环 4 个，耳环金属配件 1 组
钩针 7mm

**成品尺寸**

4.5cm×11cm

**编织要点**

●蕾丝参照图示剪裁后使用。第 1 行钩编在蕾丝花样的孔中，钩编 2 行。
●将☆部分向前折，缝至蕾丝的★部分。
●在蕾丝的正面缝上珍珠串珠。
●在耳环金属配件上装上 2 个圆环，在下面的圆环上缝蕾丝。

假领

缝纽扣位置

46

扣眼
（花样的孔）

④
③
②
①

蕾丝

1 个花样

※蕾丝按照图中的形状剪裁（11.5个花样）

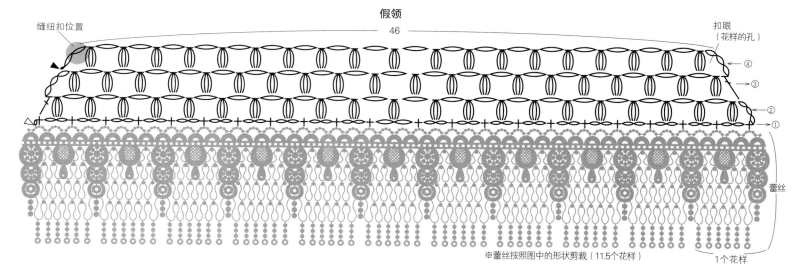

**P55**

## 使用树叶图案的流苏蕾丝制作……

## 口金手提包

**材料与工具**

和麻纳卡 LUPO 灰色（2）35g，SONOMONO ALPACALILY 米色（112）25g，amu 流苏蕾丝（H906-002-4）17 个花样（约 51cm）

宽约 12.5cm、高约 7cm 的手提包用口金（H207-007）1 个

钩针 6/0 号、10/0 号

**成品尺寸**

约 20cm × 17cm（不含提手）

**编织要点**

● 前片装饰使用蕾丝 5 个花样，提手部分使用蕾丝 12 个花样，剪裁后使用。

● 前片、后片、包底、提手分别锁针起针，参照图示钩编。

● 在提手上缝上已剪裁好的蕾丝。

● 参照完成图，将各个部分缝合在一起。

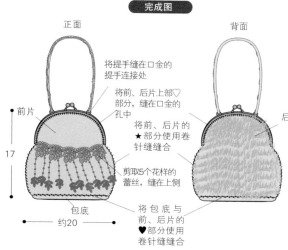

**完成图**

正面

背面

前片

17

包底

约20

将提手缝在口金的提手连接处

将前、后片上部♡部分，缝在口金的孔中

将前、后片的★部分使用卷针缝缝合

剪取5个花样的蕾丝，缝在上侧

后片

将包底与前、后片的♥部分使用卷针缝缝合

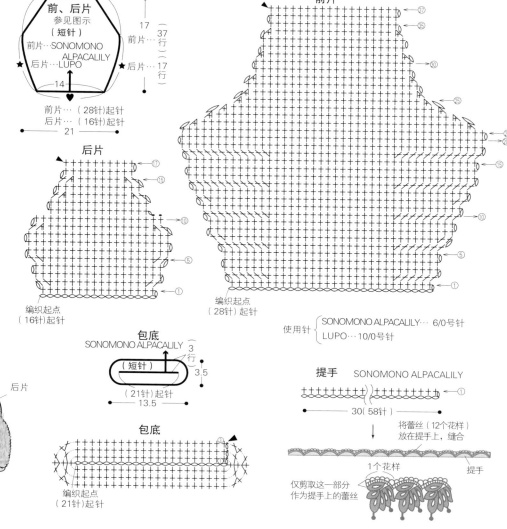

前、后片
参见图示（短针）

前片…SONOMONO ALPACALILY
后片…LUPO

前片…（28针）起针
后片…（16针）起针

9

17

前片（37行）
后片（17行）

14

21

前片

后片

编织起点（16针）起针

编织起点（28针）起针

使用针
SONOMONO ALPACALILY… 6/0号针
LUPO… 10/0号针

包底
SONOMONO ALPACALILY
（短针）
（21针）起针
13.5
3行
3.5

包底
编织起点（21针）起针

提手 SONOMONO ALPACALILY
30（58针）

将蕾丝（12个花样）放在提手上，缝合

1个花样

提手

仅剪取这一部分作为提手上的蕾丝

---

## 腕饰、耳环

**材料与工具**

腕饰：和麻纳卡 TITI CROCHET 红色（9）少量，amu 流苏蕾丝（H906-002-4）6 个花样（约 18cm）

直径 6mm 的珍珠串珠 1 颗

钩针 3/0 号

耳环：和麻纳卡 TITI CROCHET 红色（9）少量，amu 流苏蕾丝（H906-002-4）2 个花样（约 6cm）

耳环金属配件 1 组

直径 6mm 的珍珠串珠 2 颗

钩针 3/0 号

**成品尺寸**

腕饰：17cm × 5cm

耳环：2.5cm × 12cm（不含金属配件）

**编织要点**

● 蕾丝参照图示剪裁后使用。

● 在蕾丝花样的孔中钩编 1 行。（仅腕饰。）

● 缝上珍珠串珠。

● 安装上耳环金属配件。（仅耳环。）

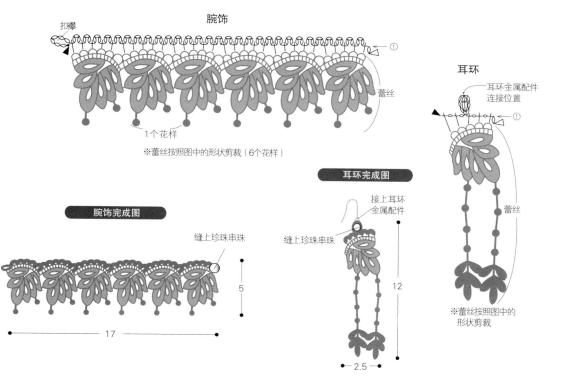

腕饰

扣襻

蕾丝

1个花样

※蕾丝按照图中的形状剪裁（6个花样）

**腕饰完成图**

缝上珍珠串珠

5

17

耳环

耳环金属配件连接位置

**耳环完成图**

接上耳环金属配件

缝上珍珠串珠

蕾丝

12

2.5

※蕾丝按照图中的形状剪裁

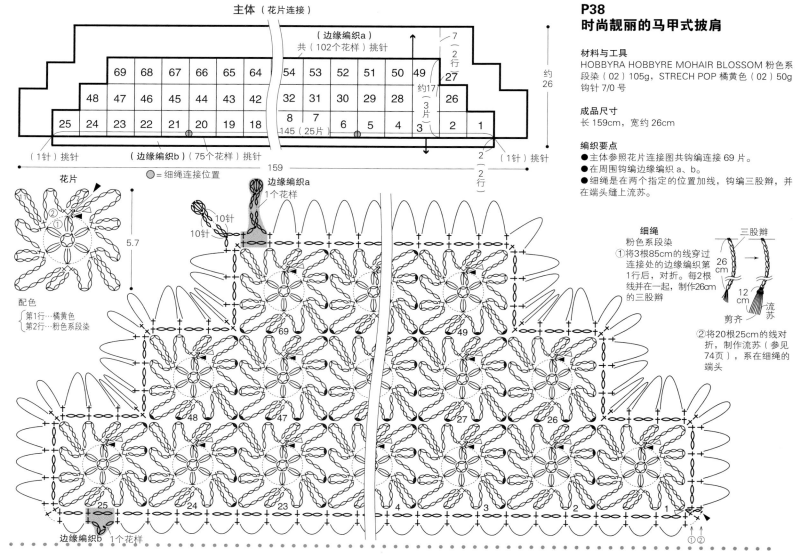

主体（花片连接）

（边缘编织a）
共（102个花样）挑针

| 69 | 68 | 67 | 66 | 65 | 64 | | 54 | 53 | 52 | 51 | 50 | 49 |
| 48 | 47 | 46 | 45 | 44 | 43 | 42 | 32 | 31 | 30 | 29 | 28 | | 26 |
| 25 | 24 | 23 | 22 | 21 | 20 | 19 | 18 | 8 | 7 | 6 | 5 | 4 | 3 | | 2 | 1 |

7（2行）
27
约17（3片）
26
约26

145（25片）

（1针）挑针
（边缘编织b）（75个花样）挑针
159
⬤ = 细绳连接位置
（1针）挑针
2（2行）

花片
②①
配色
　第1行…橘黄色
　第2行…粉色系段染
5.7

边缘编织a
1个花样
10针
10针

69　49
48　47　27　26
25　24　23　4　3　2　1
边缘编织b　1个花样

## P38
## 时尚靓丽的马甲式披肩

**材料与工具**
HOBBYRA HOBBYRE MOHAIR BLOSSOM 粉色系段染（02）105g，STRECH POP 橘黄色（02）50g
钩针 7/0 号

**成品尺寸**
长 159cm，宽约 26cm

**编织要点**
●主体参照花片连接图共钩编连接 69 片。
●在周围钩编边缘编织 a、b。
●细绳是在两个指定的位置加线，钩编三股辫，并在端头缝上流苏。

**细绳**
粉色系段染
①将3根85cm的线穿过连接处的边缘编织第1行后，对折，每2根线并在一起，制作26cm的三股辫。
三股辫
26 cm
12 cm
剪齐　流苏
②将20根25cm的线对折，制作流苏（参见74页），系在细绳的端头

## P39
## 多彩横条纹手织帽

**主体**
将线穿入剩下的16针中，系紧
（6针）1个花样
重复16次
⑫⑩⑤①⑭
帽顶
红色　米色　绿色　红色　灰色
⑳⑮⑩⑤①㊺⑤①
96 95　90　85　30　25　20　15　10　5　1　起针
配色
　米色
　绿色
　红色
　灰色
□ = □

**材料与工具**
HOBBYRA HOBBYRE WOOL SHELLY 灰色（09）60g，米色（08）20g，红色（03）、绿色（06）各15g
棒针 7 号、5 号

**成品尺寸**
头围 47cm，深 23cm

**编织要点**
●主体手指挂线起针 96 针，编织成环形，使用 5 号针编织 45 行双罗纹针，接着使用 7 号针编织 34 行编织花样条纹，再在分散减针的同时编织 12 行。
●制作球球，缝在帽顶。

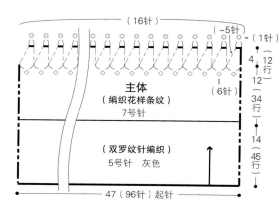

（16针）
（-5针）= （1针）
4　12行
（6针）
12
34行
主体
（编织花样条纹）
7号针
14
45行
（双罗纹针编织）
5号针　灰色
47（96针）起针

## P39
## 蝴蝶结形手包和装饰别针

**材料与工具**
蝴蝶结形手包：HOBBYRA HOBBYRE LOOP BALLOON
粉橘黄色系段染（01）60g，WOOL CUTE 淡粉红色
（02）15g，里布30cm×42cm，直径0.8cm的按扣
2组
装饰别针：HOBBYRA HOBBYRE LOOP BALLOON
粉橘黄色系段染（01）10g，WOOL CUTE 淡粉红色
（02）5g，别针
均使用：钩针 10mm、5/0 号

**成品尺寸**
蝴蝶结形手包：宽30cm，深16.5cm
装饰别针：宽12cm

**编织要点**
●手包主体使用粉橘黄色系段染线，带子使用淡粉红
色线 2 根为 1 股，分别按照图示进行钩编。
●将里布剪裁后参照组合方法缝合。
●装饰别针与手包相同，主体使用粉橘黄色系段染线，
带子使用淡粉红色线 2 根为 1 股，分别按照图示进行
钩编。
●参照组合方法，在背面缝上别针即完成。

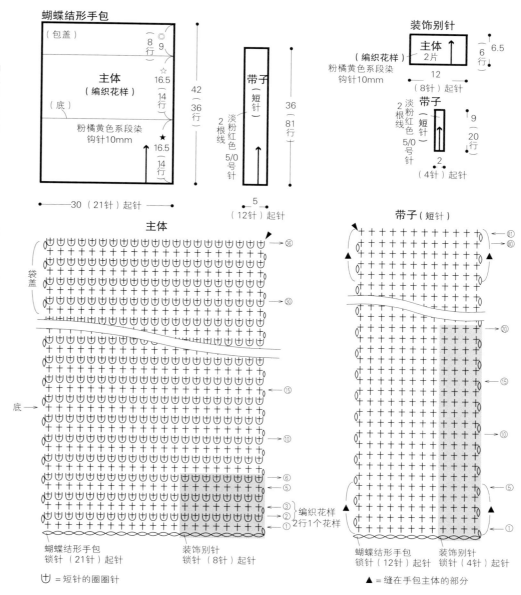

蝴蝶结形手包

（包盖）
主体（编织花样）
粉橘黄色系段染
钩针10mm

带子（短针）
2根线 淡粉红色 5/0号针

装饰别针
主体 2片
（编织花样）
粉橘黄色系段染
钩针10mm

带子（短针）
2根淡粉红色线 5/0号针

主体
装饰别针 锁针（8针）起针
蝴蝶结形手包 锁针（21针）起针

带子（短针）
装饰别针 锁针（4针）起针
蝴蝶结形手包 锁针（12针）起针

十 = 短针的圈圈针

▲ = 缝在手包主体的部分

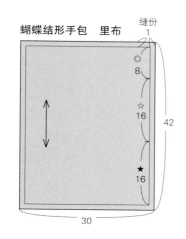

蝴蝶结形手包　里布

缝份 1
30
42

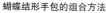

**蝴蝶结形手包的组合方法**

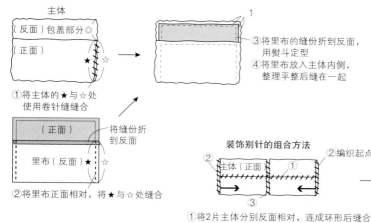

主体
（反面）包盖部分
（正面）
①将主体的★与☆处
使用卷针缝缝合
（正面）
将缝份折
到反面
里布（反面）
②将里布正面相对，将★与☆处缝合

③将里布的缝份折到反面，
用熨斗定型
④将里布放入主体内侧，
整理平整后缝在一起

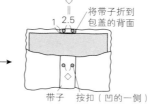

将带子折到
包盖的背面
带子　按扣（凹的一侧）

⑤将带子放在主体的中心线上，分别将带子
的编织起点和编织终点的5行缝在主体上
⑥缝上2组按扣。凹的一侧要用包盖上凸的一
侧对齐后再缝

**装饰别针的组合方法**

②
主体（正面）
②编织起点一侧
③

①将2片主体分别反面相对，连成环形后缝合
②将编织起点一侧使用卷针缝缝合
③将2片对齐后缝合

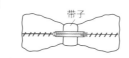

带子

④将带子使用卷针缝缝在中心处，然后在
背面使用卷针缝连在一起
⑤在背面缝上别针

接100页

编织花样条纹配色

| 行数 | 配色 | |
|---|---|---|
| 7～12行 | 米色 | 帽顶 |
| 1～6行 | 灰色 | |
| 29～34行 | 绿色 | |
| 23～28行 | 红色 | |
| 19～22行 | 米色 | |
| 13～18行 | 灰色 | |
| 7～12行 | 绿色 | |
| 1～6行 | 红色 | |

**完成图**

**球球的制作方法**

①
厚纸 8
※缠绕110圈

②
剪断
系紧

③
剪齐

球球
米色 1个
7

使用刚刚系球球的
线将其固定在帽顶
主体
将双罗纹针编
织的部分翻折

在主体的编织终点，
将线穿入剩余的针目
中并收紧

毛线花片

手提包···27片
手包···3片

选用喜欢的中粗直线毛、喜欢的颜色钩编
（钩编成边长为8cm的正方形，可自行调整行数）

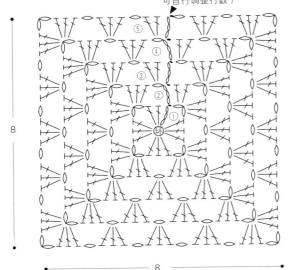

8

8

8

## P56
## 拼布手提包

**材料与工具**
喜欢的中粗的直线毛适量，喜欢的极粗毛线适量，米色皮革（厚0.7mm）40cm×24cm，深棕色皮革（厚0.7mm）40cm×32cm，亚麻布64cm×70cm

**成品尺寸**
宽46cm，深34cm（不含提手）

**编织要点**
● 毛线花片环形起针，参照图示钩编成边长为8cm的正方形。共钩编27片。
● 皮革花片是将皮革剪裁成边长为8cm的正方形（与毛线花片的大小相同），选用喜欢的毛线，使用#21编织物压脚（见56页）在其上面缝制。参照图示制作14片皮革花片A、12片皮革花片B。
● 将毛线花片与皮革花片正面相对，边上使用3号绣法（锁边）钉缝缝合，并参照图示将其连接在一起。使用#12锁边压脚（见56页）在所有的接缝处的正面，缝上极粗的毛线。
● 在里袋的主体上缝上口袋、提手。
● 参照完成图，将主体与里袋缝合在一起。

手提包主体

54.5

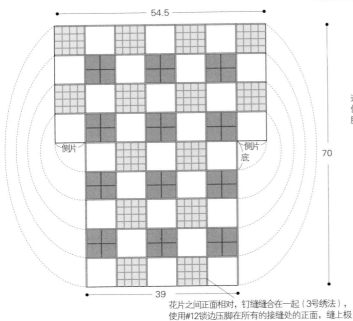

侧片

侧片底

70

39

花片之间正面相对，钉缝缝合在一起（3号绣法），使用#12锁边压脚在所有的接缝处的正面，缝上极粗的毛线

8 ··· 毛线花片（27片）
8

皮革（米色）
8 ··· 皮革花片A（14片）
8

选取喜欢的毛线，使用#21编织物压脚在其上面缝制

8 ··· 皮革花片B（12片）
8
皮革（深棕色）

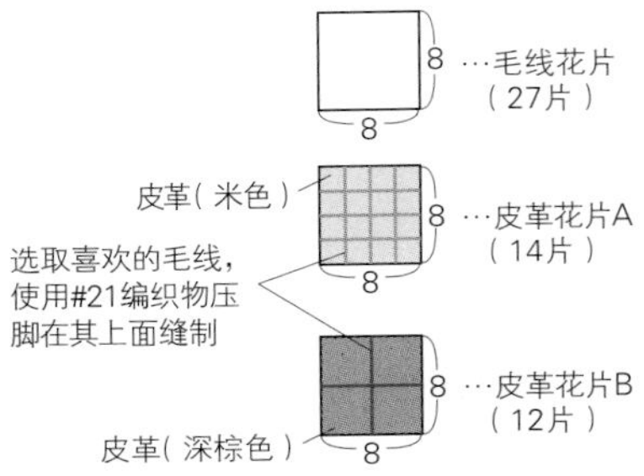

里袋的制作方法

里袋主体

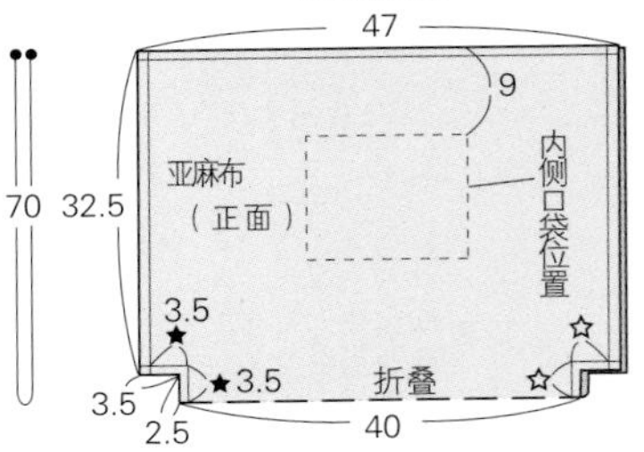

47

9

亚麻布（正面）
内侧口袋位置

70  32.5

3.5
★3.5
2.5  3.5
折叠
40

※尺寸中包含1cm的缝份
※参照图示制作内侧口袋，缝在里袋主体正面

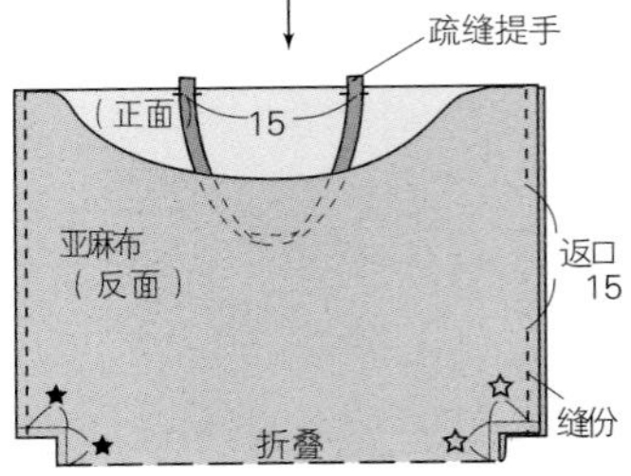

提手  2根
皮革（深棕色）

折痕

4

40

折痕

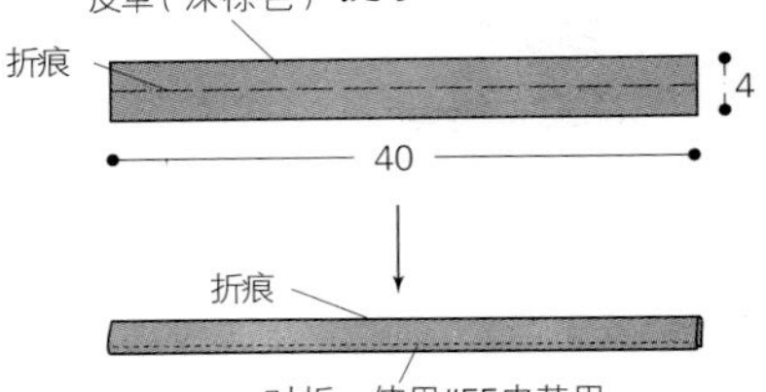

对折，使用#55皮革用滚轮压脚（见56页）在边上缝合

疏缝提手

[正面]
15

亚麻布（反面）

返口
15

缝份

※正面相对，缝合除返口之外的两侧，分开缝份
将★与★部分、☆与☆部分分别缝合

内侧口袋

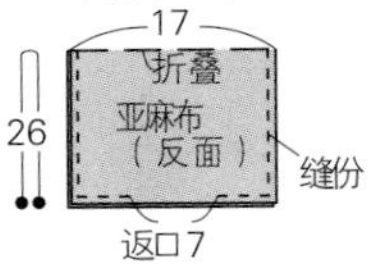

17

折叠
亚麻布（反面）
缝份

26

返口7

※尺寸中包含1cm的缝份

翻回正面

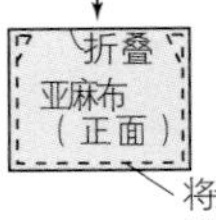

折叠
亚麻布（正面）

将返口朝下，缝在里袋主体上

**完成图**

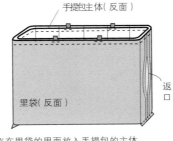

里袋

约34

手提包主体

约46

手提包主体（反面）

里袋（反面）

返口

※在里袋的里面放入手提包的主体，正面相对，将包口的一周缝合从里袋的返口处翻回正面，缝合返口

## P56
## 拼布手包

**材料与工具**

喜欢的中粗的直线毛适量，喜欢的极粗毛线适量，米色皮革（厚 0.7mm）24cm×24cm，深棕色皮革（厚 0.7mm）12cm×9cm，亚麻布 30cm×23cm，20cm 的拉链 1 根

**成品尺寸**

宽 21cm，深 14cm

**编织要点**

● 毛线花片环形起针，参照图示钩编成边长为 8cm 的正方形（与 P102 的拼布手提包相同）。钩编 3 片。

● 皮革花片是将皮革剪裁成边长为 8cm 的正方形（与毛线花片的大小相同），选用喜欢的毛线，使用 #21 编织物压脚在其上面缝制。参照图示制作 2 片皮革花片 A、1 片皮革花片 B。

● 将毛线花片与皮革花片正面相对，边上使用 3 号绣法（锁边）钉缝缝合，并参照图示将其连接在一起。使用 #12 锁边压脚在所有的接缝处的正面，缝上极粗的毛线。

● 参照图示制作里袋。

● 参照手包完成图，将手包主体与里袋缝合在一起。

**手包主体（前片）**

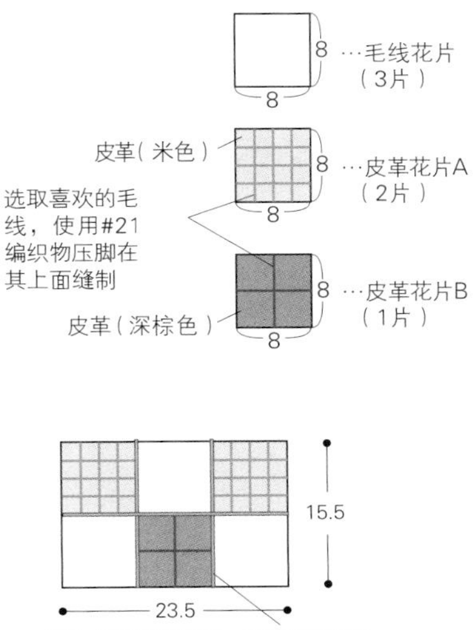

- 8 × 8 …毛线花片（3 片）
- 皮革（米色） 8 × 8 …皮革花片 A（2 片）
- 选取喜欢的毛线，使用 #21 编织物压脚在其上面缝制
- 皮革（深棕色） 8 × 8 …皮革花片 B（1 片）

23.5 / 15.5

花片之间正面相对，使用 3 号绣法（锁边）钉缝缝合，使用 #12 锁边压脚在所有的接缝处的正面，缝上极粗的毛线

**手包主体（后片）**

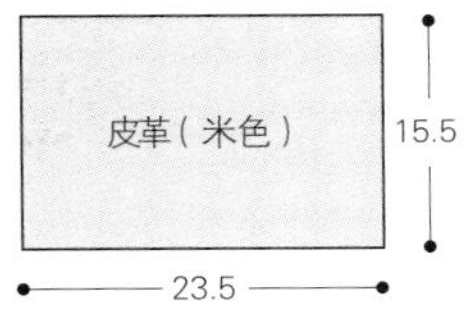

皮革（米色） 23.5 × 15.5

**里袋的制作方法**

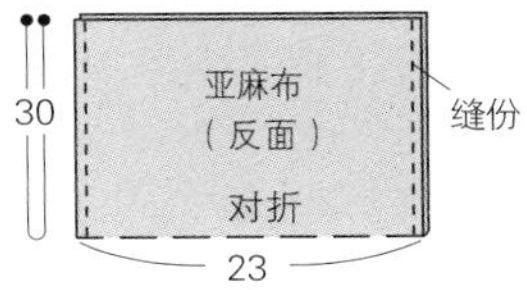

30 / 亚麻布（反面） 缝份 / 对折 / 23

※尺寸中包含 1cm 的缝份

**完成图**

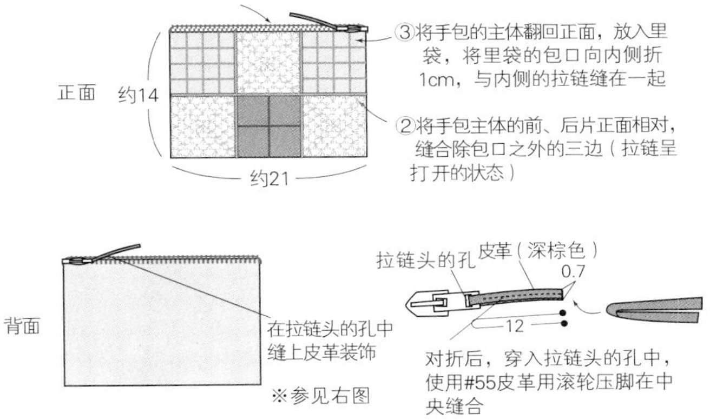

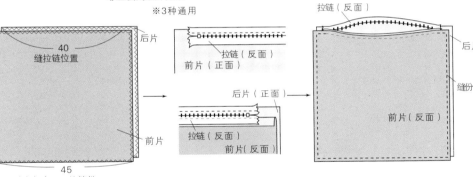

① 将手包主体前、后片分别与拉链的正面相对，在两侧使用 3 号绣法（锁边）缝合

正面 约 14 / 约 21

③ 将手包的主体翻回正面，放入里袋，将里袋的包口向内侧折 1cm，与内侧的拉链缝在一起

② 将手包主体的前、后片正面相对，缝合除包口之外的三边（拉链呈打开的状态）

背面 / 在拉链头的孔中缝上皮革装饰 / ※参见右图

拉链头的孔 / 皮革（深棕色） 0.7 / 12 / 对折后，穿入拉链头的孔中，使用 #55 皮革用滚轮压脚在中央缝合

## P57
## 毛线刺绣的靠垫套

**材料与工具**

喜欢的毛线或花片各适量，喜欢的亚麻布 45cm×45cm 2 片，40cm 的拉链 1 根

**成品尺寸**

43cm×43cm

**编织要点**

● 靠垫套，首先在剪裁为 45cm 见方的两片亚麻布（前片和后片）的边上使用缝纫机缝纫锯齿线进行处理。

● 在前片的正面缝上各种刺绣（参见图示）。

● 在指定位置缝上拉链。

● 将靠垫套前片和后片的两块布正面相对，缝合除拉链位置之外的部分。

**靠垫套的制作方法**

※3 种通用

40 缝拉链位置 / 45 / 45

后片 / 拉链（反面） / 前片（正面）

后片（正面）

拉链（反面） / 前片（反面）

后片（反面）

拉链（反面） / 后片（正面） / 缝份 / 前片（反面）

※尺寸中包含 1cm 的缝份

① 剪裁出 2 片（前片、后片）亚麻布，使用锯齿缝处理缝份

② 在前片的正面，按照不同的方法缝制（参见完成图）

③ 前、后片分别与拉链正面相对，在缝拉链的位置缝上拉链

④ 将前、后片正面相对，缝合除拉链之外的部分（拉链呈打开的状态）

**完成图**

### 漩涡花样

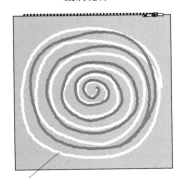

选取喜欢的毛线，使用 #43 自由刺绣压脚（见 57 页），从中心开始，缝制喜欢的漩涡图案

### 条纹花样

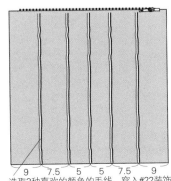

9 / 7.5 / 5 / 5 / 7.5 / 9

选取 3 种喜欢的颜色的毛线，穿入 #22 装饰线压脚（3 孔）（见 57 页）中，缝合在靠垫套上

### 花片花样

使用 #55 皮革用滚轮压脚沿着花片的边缘缝合

KNIT MARCHE vol.16（NV80363）

Copyright ©NIHON VOGUE-SHA 2013  All rights reserved.

Photographers: IKUE TAKIZAWA, YOKARI SHIRAI, NORIAKI MORIYA, KANA WATANABE, YUKI MORIMURA

Original Japanese edition published in Japan by NIHON VOGUE CO., LTD.,

Simplified Chinese translation rights arranged with BEIJING BAOKU INTERNATIONAL CULTURAL DEVELOPMENT Co., Ltd.

著作权合同登记号：图字16—2014—074

**图书在版编目（CIP）数据**

暖融融的编织小物/日本宝库社编著；风随影动译. —郑州： 河南科学技术出版社，2014.8

（编织大花园；1）

ISBN 978-7-5349-7219-5

Ⅰ.①暖… Ⅱ.①日… ②风… Ⅲ.①手工编织—图解 Ⅳ.①TS935.5-64

中国版本图书馆CIP数据核字（2014）第162850号

出版发行：河南科学技术出版社

地址：郑州市经五路66号　　邮编：450002

电话：（0371）65737028　　65788613

网址：www.hnstp.cn

策划编辑：刘　欣

责任编辑：梁　娟

责任校对：柯　姣

封面设计：张　伟

责任印制：张艳芳

印　　刷：北京盛通印刷股份有限公司

经　　销：全国新华书店

幅面尺寸：235 mm×297 mm　　印张：6.5　　字数：250千字

版　　次：2014年8月第1版　　2014年8月第1次印刷

定　　价：39.80元

如发现印、装质量问题，影响阅读，请与出版社联系并调换。